今日からモノ知りシリーズ

トコトンやさしい

消臭・脱臭の本

私たちの生活は、さまざまな
においであふれ
なにおいをなる
心地よく環境を
どうすれば良い
は、においの正
原因を解き明
対策を紹介し

光田 恵 編著
岩橋 尊嗣
瀬 昇 著
壽三

B&Tブックス
日刊工業新聞社

はじめに

日々、心も身体も健康に過ごすには、私たちを取り巻く生活環境の快適性も求められます。「におい」は、生活の三大要素と言われる衣食住のすべてに関わっており、生活環境の快適性に密接に関係しています。「におい」と聞くと、悪臭が連想され、悪いイメージを抱かれるかもしれません。実際に、身の回りの「におい」というと、体臭、生ごみ臭、排水口臭、カビ臭、洗濯物の生乾き臭などの嫌なにおいが思い浮かぶのではないでしょうか。こうした嫌なにおいをなんとかしたい時には、においの発生原因によって対策が変わるため、まず、そのにおいの発生原因を把握することが大切です。

ところで、悪いイメージが強い「におい」ですが、古くは、嗅覚を刺激するものというだけではなく、視覚で捉えられる色の際立ちや美しい様をいう言葉として使用されていました。万葉集でも、「青丹よし　奈良の都は　咲く花の　におふがごとく　今盛りなり」と、平城京の美しく色づき、映える様子が「におふ(におう)」という言葉で表現されています。「におい」は、色とにおいが美しく映え、香るといった良いイメージを抱かせる言葉だったと言えるでしょう。

今では、嗅覚を刺激する上品で心地よいものには、「かおり」という言葉が使われることが多くなっています。「かおり」は、身にまとったり、空間に流したりして、人や空間の演出にも使われています。しかし、「かおり」の使い方によっては、周囲の人に不快感を与える香害(こうがい)になるなど、昨今、新たな問題になっています。

「におい」は、適切に制御、管理されることで、元来の意味のように、生活を彩り、心を癒す効果をもたらしますが、「適切に」というところが難しく、「におい」の受け止められ方には個人差があることに注意しなければなりません。また、近年、生活の中には、さまざまな消臭・脱臭製品、かおりを使った製品があふれており、それぞれの使い方に戸惑うほどです。においの発生原因を把握しないまま、対策を実施した場合、かえって不快になってしまうこともあります。

本書では、私たちを取り巻く生活環境の「におい・かおり」に着目し、人の感じ方やにおい・かおりの特性を解説し、生活の中の身近なにおいを例に、そのにおいがなぜ発生するのか、においのもとはなんなのかをわかりやすく解説するとともに、これまで筆者が取り組んできた研究成果から言える各においの効果的な対策を紹介しています。

快適な生活環境を創造するために必要な消臭・脱臭などのにおい対策を中心に、「におい・かおり」についてさまざまな角度からトコトンやさしく解説することを心がけ、全6章にまとめました。

第1章では、においの感覚である嗅覚を取り上げました。嗅覚の仕組みは長年、謎に包まれていましたが、1991年にリンダ・B・バックとリチャード・アクセルによって嗅覚受容体が発見され、2004年にその業績に対してノーベル生理学・医学賞が授与されて以来、嗅覚機構に関わる分野の発展にはめざましいものがあります。第1章は「におうという現象を探る」と題して、においの感覚である嗅覚の仕組みと特性を解説しています。

第2章では、嗅覚を刺激するものである「におい・かおり」に焦点をあて、「におい・かおりって何?」という疑問に答えられるように、「におい」が発見されてから紡いできた歴史や文化、生活の中でのにおい・かおりの役割、物理的・化学的特性、そして無臭という状態について解説しています。

第3章では、身近なモノを使ったにおいの対策を解説しています。古くから使われている生活の知恵ともいうべき手軽なにおい対策についても取り上げ、科学的知見からその消臭・脱臭メカニズムと性能を解説し、効果的と考えられる用い方について「身近なモノでの悪臭対処法」としてまとめています。
第4章では、体臭・口臭、食べ物のにおい、生ごみ臭、洗濯物のにおい、エアコン臭、ペット臭などの身近なにおいを対象として、「身の回りの嫌なにおいが発生する仕組みと対処法」として、嫌なにおい、気になるにおいの発生原因と対策について解説しています。
第5章は「住まいのにおいの正体と対処法」と題して、住宅の各空間、各部屋のにおいの発生原因と対策を解説しています。
第6章は「周辺環境、乗り物、施設のにおいの正体と対処法」と題して、地域環境のにおい・かおりに対する意識の変遷と実情を紹介し、自動車、医療・福祉施設、宿泊施設、喫煙所、避難所などの乗り物や施設で発生し、問題になりやすいにおいの対策について解説しています。
本書が、日々の生活の中で感じられる嫌なにおいに対する消臭・脱臭などのにおい対策の参考となり、快適な生活環境創造の一助となりましたら幸いです。出版にあたり、日刊工業新聞社の河辺乃樹実さんをはじめ、関係者の皆様に多大なるご尽力を賜りました。ここに改めて感謝申し上げます。

2021年11月

光田　恵
岩橋　尊嗣
一ノ瀬　昇
棚村　壽三

目次 CONTENTS

第1章 におうという現象を探る

第2章 におい・かおりって何？

第3章 身近なモノでの悪臭対処法

第4章 身の回りの嫌なにおいが発生する仕組みと対処法

第5章 住まいのにおいの正体と対処法

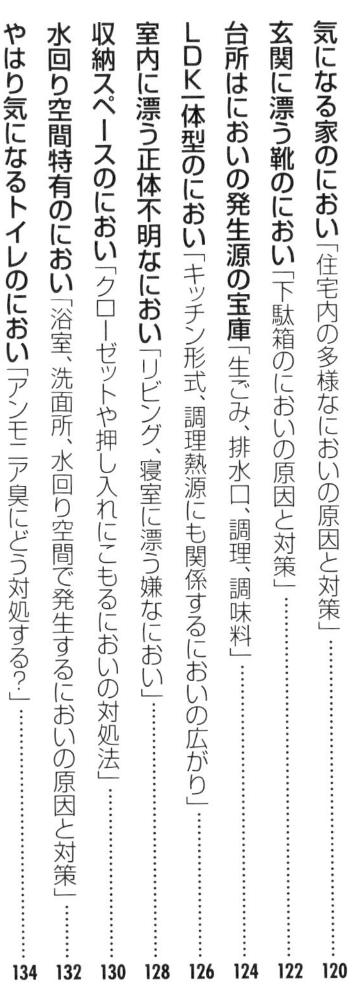

第6章 周辺環境、乗り物、施設のにおいの正体と対処法

第1章

においという現象を探る

1 においが記憶を呼び覚ます

あるモノのにおいを嗅いだ時、あるいは不意にフッと漂ってきたにおいを嗅いだ時、過去の記憶や感情を鮮明に思い出すことがあります。このような現象を「プルースト効果（現象）」と呼んでいます。フランスの作家マルセル・プルーストが執筆した『失われた時を求めて』（1913年発刊）という長編小説の中に描かれている一場面です。

回想録として書かれた小説の始まりの部分に、「私は何気なく、紅茶に浸してやわらかくなったひと切れのマドレーヌを、ひとさじすくって口に持っていった。マドレーヌのかけらの混じったその一口の紅茶が口の中に触れた途端に、私は自分の内部で異常なことが進行しつつあるのに気付いて、びくっとした」という記述があります。作者は、びくっとした感覚とは何だったのかを考えた末、「幼少の頃の日曜日の朝、叔母の部屋に行った際に、叔母が出してくれた紅茶に浸したマドレーヌの味だったという事を思い出した」という説明が加えられています。

一般的に考えられているプルースト効果は、「嗅いだ瞬間に過去の出来事を鮮明に思い出す（フラッシュバック）」という説明がなされており、小説の記述にある「口にした時のにおい」とは若干の相違がみられます。

においが記憶と結びつきやすい理由は、脳の仕組みと関係しています。一般的に記憶は、「感覚記憶」「短期記憶」「中期記憶」「長期記憶」に分類されますが、におい信号の伝達は、他の感覚と異なり、視床を経由せずに感情や本能的な行動をつかさどる大脳辺縁系へ直接送られるため、長期記憶として脳に蓄積されやすいと考えられています。

におい信号が大脳辺縁系にある扁桃体や海馬へ送られると、速やかににおいの記憶と過去に経験した情景を同期させ、鮮明に記憶・好き嫌い・喜怒哀楽の感情までも呼び覚ますのです。

要点BOX

- 嗅いだ瞬間に過去の出来事を鮮明に思い出す「プルースト効果」
- におい信号は直接、大脳辺縁系へ伝達される

プルースト効果

ラベンダーのにおいを嗅ぐと、
北海道旅行の楽しかった
思い出がよみがえり ...

△△温泉に
入りたい!

もう一度、
北海道旅行に
行ってみたい!

（いろんな事を思い出す）

一般的な記憶の分類

外界からの刺激情報

感覚記憶

数秒で消滅（無意識の場合）
必要と感じた場合は20～30秒間記憶

嗅覚　聴覚　味覚　視覚　触覚

短期記憶

数分で消滅（情報の意味・背景を理解した場合）

中期記憶

情報に細かな意味を持たせ反復した場合、海馬・扁桃体に記憶され、およそ24時間程度記憶

長期記憶

さらに意味を反復し、理解が深まると側頭葉に保存され、忘れなくなる

2 においの正体は何だろう？

分子骨格構造と発香団

「においの正体は？」という問いの答えは、「分子である」です。大多数は有機化合物で、一部がアンモニア、硫化水素などに代表される無機化合物です。水素（H）、炭素（C）、窒素（N）、酸素（O）、イオウ（S）、リン（P）、ハロゲン（F、Cl、Br、I）などの元素がさまざまな化学結合をつくり、におい分子が構成されています。すなわち、分子を構成している元素に窒素、酸素、イオウ、ハロゲン類が含まれ、これらが水素と炭素からなる化合物（炭化水素化合物類）の構造にどのように組み込まれるかでさまざまなにおい物質ができあがります。

炭化水素以外の構造部分で、有機化合物を特徴づける原子の集まりを官能基と言います。同じ官能基を持つ有機化合物は性質や反応性が似ているため、官能基の種類で有機化合物は分類されています。においの観点からみると、官能基は固有のにおいを有する分子の特徴となるため、発香団とも呼ばれています。

では、発香団を持たない化合物はにおわないのでしょうか。炭素と水素だけからなる有機化合物のうち、飽和炭化水素を例にみてみましょう。

下図の表は、炭素数が1～10までの飽和炭化水素の検知閾値（いきち）です。炭素数3からは検知閾値が測定されており、官能基を持たない飽和炭化水素類もにおいを有すると判断されます。

ただし、発香団とされる二重結合1個がある、炭素数4の1-ブテンの検知閾値は0・36ppm、炭素数9の1-ノネンは0・00054ppmという測定値があり、同じ炭素数でも発香団のないブタン（炭素数4）、ノナン（炭素数9）とは約4000倍の差があることがわかっています。この数字から、発香団のある化合物がいかに低濃度でにおうのかがわかります。発香団があると、特徴的なにおいを持ち、低濃度でも人がにおいを感じるのです。

要点BOX
- 分子の基本骨格は窒素、酸素、硫黄、水素、炭素からなる
- 発香団があると、特徴的なにおいを持つ

発香団(官能基)の種類

- ●カルボニル基：$-C=O$
- ●アルデヒド基：$-CHO$
- ●アルコール基、フェノール基：$-OH$
- ●カルボキシル基：$-COOH$
- ●エーテル基：$-O-$
- ●ラクトン、エステル基：$-CO-O-$
- ●ニトロ基：$-NO_2$
- ●ニトリル基、イソニトリル基：$-C\equiv N$、$-N=C$
- ●アミノ基(アミン基)：$-NH_2$、($=NH$、$\equiv N$)
- ●チオアルコール、チオエーテル基：$-SH$、$-S-$
- ●チオシアン基、イソチオシアン基：$-SC\equiv N$、$-N=C=S$
- ●炭素不飽和結合：二重結合($C=C$)、三重結合($C\equiv C$)
- ●塩素、臭素などのハロゲン原子

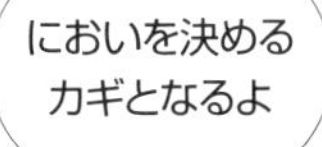

炭素数1～10の飽和炭化水素の検知閾値

炭素数	分子式	名称	検知閾値(ppm)
1	CH_4	メタン	無臭物質として分類
2	C_2H_6	エタン	無臭物質として分類
3	C_3H_8	プロパン	1500
4	C_4H_{10}	ブタン	1200
5	C_5H_{12}	ペンタン	1.4
6	C_6H_{14}	ヘキサン	1.5
7	C_7H_{16}	ヘプタン	0.67
8	C_8H_{18}	オクタン	1.7
9	C_9H_{20}	ノナン	2.2
10	$C_{10}H_{22}$	デカン	0.87

(参考文献) 永田好男、竹内教文：三点比較式臭袋法による臭気物質の閾値測定結果、日本環境衛生センター所報、17、pp.77-89、1990

ppm：parts per million
1ppm：100万分の1

1ppmとは、500mLのペットボトル100本分の液体の中の目薬1滴分(約0.05mL)の量

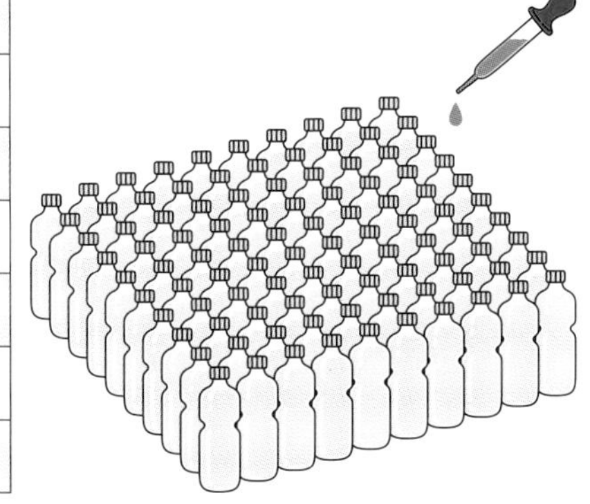

用語解説

閾値：検知閾値(におい物質の存在がわかる最低濃度)、認知閾値(どんなにおいかわかる最低濃度)、弁別閾値(強度差のわかる最小濃度差)があるが、閾値だけの場合には、一般的には検知閾値を指す。

3 におうということ

においを感じる条件は?

私たちは日常生活の中で、自然の花や草木、食品などからにおいを感じます。においを感じるということは、鼻呼吸により空気中のにおい分子が鼻腔内を通過し、嗅覚受容体にキャッチされたということです。

生活環境には、計り知れない数のにおい物質が存在しています。においを感じるのは、私たちが呼吸をする空気の中に、におい分子が存在しているからです。言い換えれば、そのもののにおいを感じるためには、揮発性の物質で、空気中ににおい分子が漂わなければならないということです。揮発性ではない金属類、ガラスなどがにおうということはありません。におうはずのない鉄を「鉄くさい」と表現する理由については、4章末のコラムを参照してください。

さて、不純物を含まない水や空気からは、においは感じられません。においを感じないということは、空気中ににおい分子が存在しないのでしょうか。においを感じる最低濃度(閾値(いきち))が存在します。例えば、卵の腐ったようなにおいと表現される硫化水素の閾値は、0・00041ppmと言われており、1m^3(100万mL)中の空気中に存在する分子数を求めると、1・01×10^{16}個になります。この分子数は硫化水素のにおいを感じることができる最低限の物質量(閾値分子数)で、この数値を下回ると、においは感じられず、無臭と判断されます。

日常、人が一呼吸で吸入する空気量は500mL程度ですので、その中に含まれる分子数を計算すると、1・01×10^{16}個×(100万mL分の500mL)=5・0×10^{12}個です。500mLの空気吸入時にこの数以上の分子が嗅細胞にキャッチされると、人はにおいを認識できます。

においを感じるということは、空間ににおい物質が存在し、少なくとも閾値分子数以上のにおい分子が、鼻腔内へ吸入されたということなのです。

要点BOX

●鼻腔内をにおい物質が通過するためには揮発性物質であることが絶対条件

●閾値分子数以上の物質量でにおいを感じる

においを感じるものとそうでないもの

一呼吸時の閾値分子数(個/500mL)

におい物質	閾値分子数(個/500mL)
アンモニア	1.8×10^{16}
硫化水素	5.0×10^{12}
トリメチルアミン	3.9×10^{11}
トルエン	4.0×10^{15}
イソ吉草酸	9.6×10^{11}

におい物質の1m³中の閾値分子数

におい物質	分子式/分子量	検知閾値(ppm)	g/m³	モル数	閾値分子数(個/m³)
アンモニア し尿のにおい	NH_3/17	1.5	1.036×10^{-3}	6.09×10^{-5}	3.67×10^{19}
硫化水素 腐った卵のにおい	H_2S/34	4.1×10^{-4}	5.680×10^{-7}	1.67×10^{-8}	1.01×10^{16}
トリメチルアミン 腐った魚のにおい	$(CH_3)_3N$/59	3.2×10^{-5}	7.683×10^{-8}	1.30×10^{-9}	7.84×10^{14}
トルエン シンナーのにおい	C_7H_8/92	0.33	1.235×10^{-3}	1.34×10^{-5}	8.08×10^{18}
イソ吉草酸 蒸れた靴下のにおい	$C_5H_{10}O_2$/102	7.8×10^{-5}	3.235×10^{-7}	3.17×10^{-9}	1.91×10^{15}

（注）検知閾値は、永田らによる測定値

用語解説

閾値分子数：物質の存在がわかる最低限の物質量。モル数にアボガドロ定数を乗ずることで求められる。

4 においを感じる仕組み

におい分子の伝達経路

鼻先に漂ってくるにおいだけで食欲がわくことがあります。一方で、風邪などで鼻がつまっている時、普段とは違って、いつもの食事がおいしく感じられないこともあります（19項参照）。

においを感じるためには、におい分子が鼻腔内の嗅細胞へ到達し、嗅覚受容体にキャッチされなければなりません。嗅細胞へにおい分子がどのように運ばれていくのか、そこには2つのルートがあります。鼻呼吸の吸気によるルートと、呼気によるルートです。

料理が目の前に運ばれてくると、空気中に料理のにおいが漂い、鼻呼吸をすることで鼻先から鼻腔へとにおい分子が運ばれていき、直接、嗅細胞に到達します。また、料理を口に入れて味わう時、咀嚼している間に、口に入っている食べ物のにおいが鼻呼吸によって喉越しから鼻先へ抜けて、嗅細胞ににおい分子が到達します。人は肺への気道と胃への食道が、喉の奥で一旦一緒になっているため、のみ込む時に喉から鼻へ抜けるにおいを感じることができるのです。鼻がつまっていると味が物足りないと感じるのは、喉から鼻へにおいが抜けないためです。前者の吸気によるものを「オルソネーザル（たち香）」、後者の呼気によるものを「レトロネーザル（あと香）」と言います。

鼻の奥、嗅上皮に、におい分子をキャッチする嗅細胞が存在し、樹状突起部に相当する嗅繊毛の細胞膜には、嗅覚受容体（センサ）と呼ばれるたんぱく質があります。オルソネーザル、レトロネーザルのいずれの場合にも、ここでにおい分子がキャッチされます。

キャッチされたにおい分子という化学信号は、嗅繊毛中で電気信号に変換され、種々の神経細胞を経由し、脳へ伝達されます。脳内での情報処理は人それぞれで違います。経験や記憶などの蓄積されている情報と照合しながら、どのようなにおいかと最終判断をしているのです。

要点BOX
- ●におい分子が嗅細胞へ運ばれるルートは鼻からと口からの2つ
- ●におい分子の情報は神経細胞を経由し脳へ

におい分子が嗅覚へ運ばれる経路

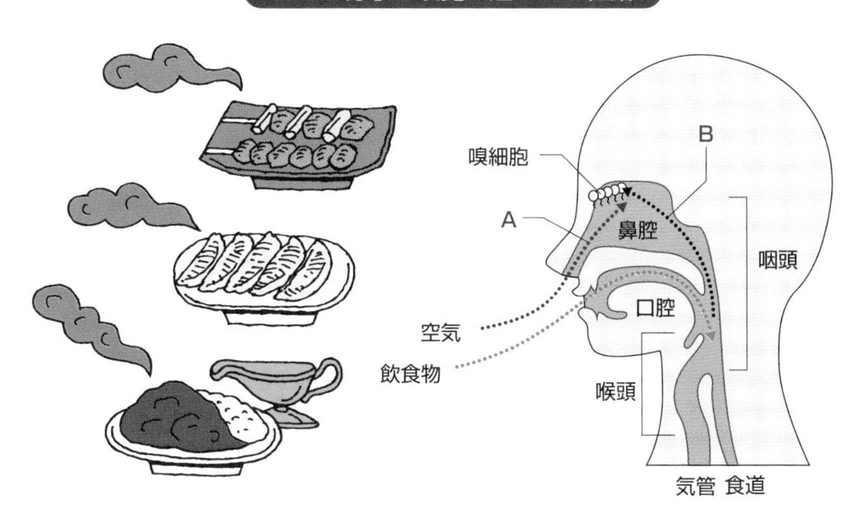

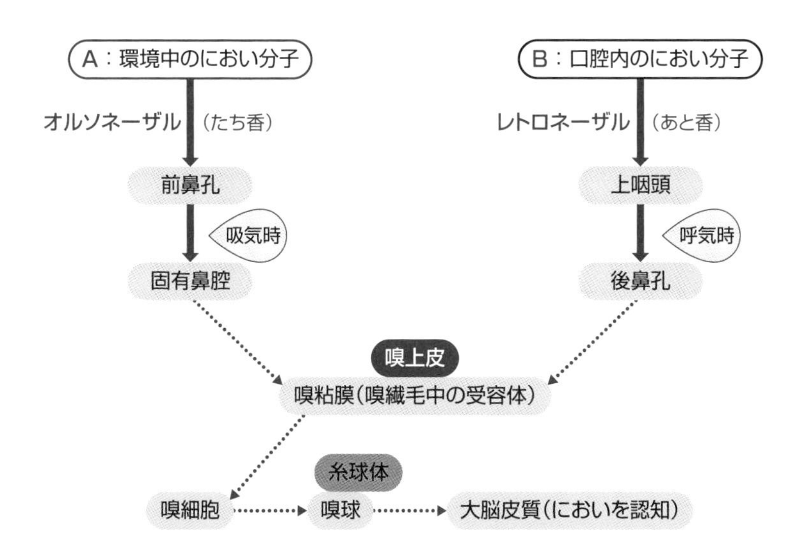

人の独特の進化

鼻からの空気の通り道と口からの食べ物の通り道とが喉の奥で一旦一緒になり、咽頭腔を形成し、そこから気管と食道に別れる →

- 言葉を話す声が得られた
- 喉から鼻に抜けるにおいを感じられる

5 におう時ヒトの体では何が起こっている？

嗅覚受容体でにおい分子をキャッチ

「におう」ということは、鼻腔内を通り嗅覚受容体に、におい分子がキャッチされたということです。上鼻甲介部に存在する嗅上皮には、嗅細胞、支持細胞、基底細胞があり、嗅粘液に覆われています。嗅細胞は縦に長く、先端にイソギンチャクの触手のような嗅繊毛が生えています。におい分子が嗅上皮に達すると、嗅粘液に溶け込み、この嗅繊毛の細胞膜に発現している嗅覚受容体ににおい分子がキャッチされます。これが、「におう」と判断する時の最初の段階です。

嗅覚受容体は、1つの嗅細胞に1種類だけ備わっています。嗅覚受容体の種類は、においの違いを嗅ぎ分ける能力と関係しており、ヒトでは約400種類、鼻が利くと言われるイヌはその倍の800種類ほどです。これまでに明らかにされている動物の中では、アフリカゾウが最多で約2000種類です。

におい分子と嗅覚受容体の関係は、まさに鍵と鍵穴の関係にあり、鍵穴である嗅覚受容体は、その構造にちょうど当てはまるか、一部に同じ構造を持っているにおい分子をキャッチします。人は約4000〜5000種類のにおいを嗅ぎ分けられると言われていますが、約400種類の嗅覚受容体の活性パターンにより、嗅ぎ分けているわけです。では、同じにおい物質であれば、だれが嗅いでも嗅覚受容体の反応は同じなのでしょうか。

実は、嗅上皮上では、におい感覚に影響するある現象が起こっています。におい物質は、嗅粘液中に存在する酵素（たんぱく質）によって変換されることがあり、嗅上皮に到達したにおい物質そのものを感じているとは限らず、酵素により変換された物質を感じていることもあるのです。

酵素は、人種、年齢、性別や体調などにより異なることが予想されるため、同じにおい物質を嗅いだ場合でも、実際には人により異なる物質になっている可能性があります。

要点BOX
- ●嗅覚受容体ににおい分子がキャッチされることがにおい感覚の第一歩
- ●におい分子と嗅覚受容体は鍵と鍵穴の関係

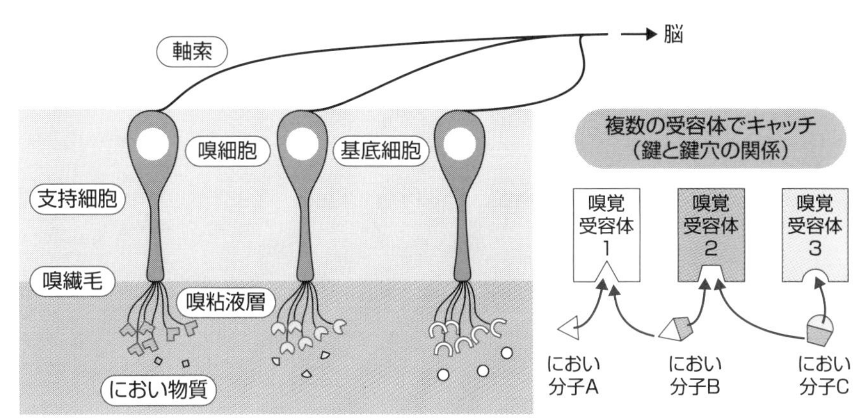
嗅細胞(嗅覚受容体)とにおい分子の関係
軸索
脳
嗅細胞
基底細胞
支持細胞
嗅繊毛
嗅粘液層
におい物質
複数の受容体でキャッチ
(鍵と鍵穴の関係)
嗅覚
受容体
1
嗅覚
受容体
2
嗅覚
受容体
3
におい
分子A
におい
分子B
におい
分子C

各動物の嗅覚受容体の種類
アフリカゾウ
約2000種類
マウス
約1100種類
イヌ
約800種類
ヒト
約400種類

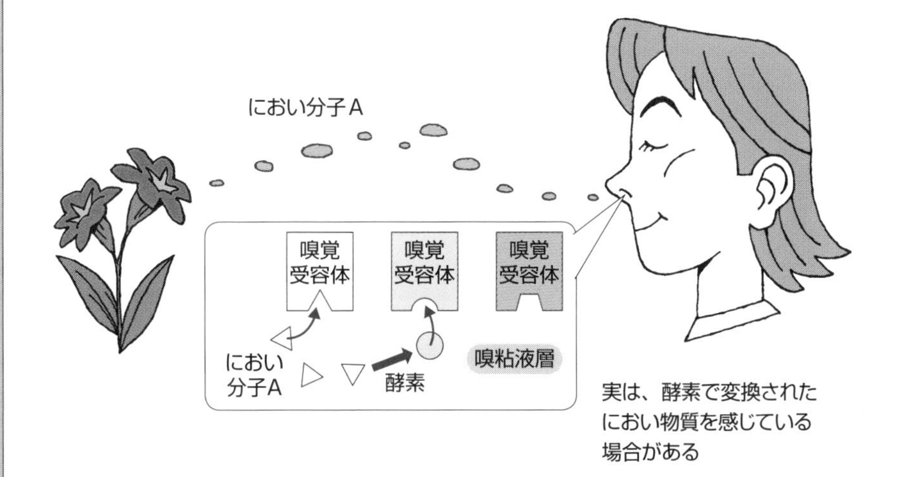
鼻腔内での酵素による物質の変換
におい分子A
嗅覚
受容体
嗅覚
受容体
嗅覚
受容体
におい
分子A
酵素
嗅粘液層
実は、酵素で変換された
におい物質を感じている
場合がある

6 電気信号でにおいを判断？

におい情報は電気信号で伝達

においは、「分子」です。また、においは微弱な電気信号の集合体とも言えます。嗅覚受容体にキャッチされたにおい分子の信号が、高次脳領野（大脳辺縁系）に到達するまでに、どのように処理、整理されていくのかを追ってみましょう。

ヒトの嗅覚受容体は約400種類ですが、嗅覚の鋭さ（弱いにおいでも嗅げる）と関係する嗅細胞の数は約500万個と言われています。鼻が利くと言われるイヌは、実に約2億個です。個々の嗅細胞は、ただ1種類の嗅覚受容体を発現します（1細胞-1受容体ルール）。

嗅細胞は、電気信号を脳に伝えるために、いわば電線にあたる軸索を脳に向かって伸ばしており、その情報の入力先として大脳組織の一部、嗅球があります。同じ嗅覚受容体を発現する嗅細胞の軸索はすべて束ねられて、嗅球上の決まった糸球体（しきゅうたい）に投射します。個々の糸球体は1種類の嗅覚受容体の情報を受け取ることから1糸球体-1受容体ルールと呼ばれています。糸球体は、応答するにおい分子の化学構造が似ているものが集まって分布しており、いわゆる嗅球の「におい地図」を形成しています。

同じ嗅覚受容体を発現する嗅細胞は同じにおい分子に対する選択性を持ち、それらはすべてある特定の部位に収束するため、においによって嗅上皮で活性化された嗅覚受容体の組合せが、そのままの形で脳の底部にある嗅球へ伝えられることになります。そして、糸球体上でシナプスを経由して、1個の僧帽細胞および房飾細胞へと増幅伝達され、大脳辺縁系部位（海馬・扁桃体）へと信号が送られるのです（7項参照）。

脳では、増幅された電気信号を受け、どの糸球体が活性化したのかを知ることによって、どのようなにおい質の情報であるかを最終判断するわけです。

- ヒトの嗅細胞は約500万個、イヌはその40倍
- 1細胞に発現する嗅覚受容体は1種類
- 受容体の種類で嗅球の投影場所が決まる

嗅覚の概略図

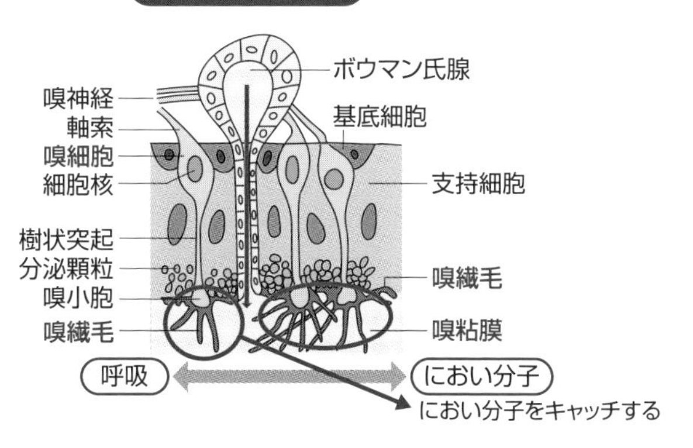

嗅繊毛でのにおいの情報伝達

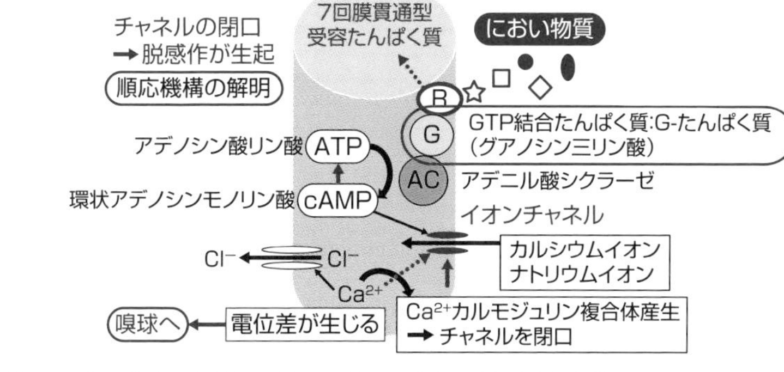

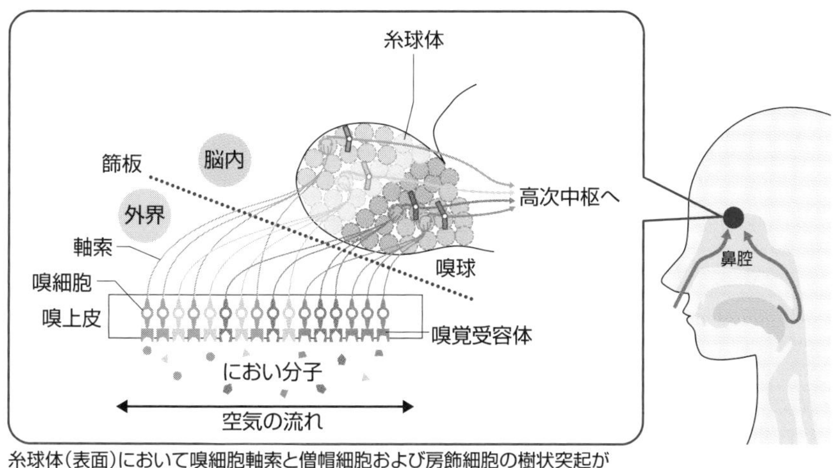

糸球体(表面)において嗅細胞軸索と僧帽細胞および房飾細胞の樹状突起が
それぞれシナプスを形成している

7 脳へのにおい情報の伝達と判断

嗅覚特有の情報伝達経路

五感の中で嗅覚だけが独自の情報伝達経路を持っています。嗅細胞は神経細胞で、刺激を受け取る側（樹状突起）と伝達する側（軸索）を持っています。刺激を受け取る樹状突起部は直接外界と接触し、伝達する軸索部は中枢（脳内）に達しています。1個の神経細胞が外界と中枢を直接繋げるという特異なメカニズムは、人体の他の部分では存在していません。

におい分子が鼻腔内に入って、嗅上皮の嗅覚受容体でキャッチされると、その結合情報が電気信号に変換され、嗅球へ伝達されます。ここでの様子を電光掲示板（嗅球）と発光体（糸球体）に例えると、数千の発光体が格子状に並べられた電光掲示板のような状態です。嗅球で二次神経に信号が受け渡され、脳領域に伝達されていき、さらに、梨状皮質で三次ニューロンに連絡し、大脳皮質内の前頭皮質嗅覚野へ情報が伝達され、においが認知されます。電光掲示板の点灯パターンを脳が見て、好きなにおいか嫌いなにおいか、どういうにおいなのかを判断しているようなイメージです。

嗅覚以外の感覚器官（視覚、味覚、聴覚、触覚）では、信号は必ず視床という部位を経由し、雑多な信号がスクリーニングされ、それぞれの該当する大脳皮質部位に伝えられます。しかし、におい情報は、視床部位を経由せずに直接、大脳辺縁系にある扁桃体・海馬（本能や記憶などを司る部位）などに送られます。扁桃体や視床下部へ入力された信号は、においによる情動を引き起こし、嗅覚野・海馬へ伝えられると、他の情報とともににおいの記憶が形成されると考えられています。この情報伝達ルートにより、動物はにおい情報に対して素早く対応できるわけです。

例えば、モノの燃えるにおいや天敵のにおいを感知すると、危険と認識し素早く逃げ、目の前にあるモノのにおいを感じ取って餌として適当であるか否かを即座に判断できるのです。

要点BOX
- ●嗅細胞は外界と中枢に接触がある
- ●嗅覚の神経伝達経路はシンプル
- ●情報に反射的に対応できる

神経細胞間の情報伝達

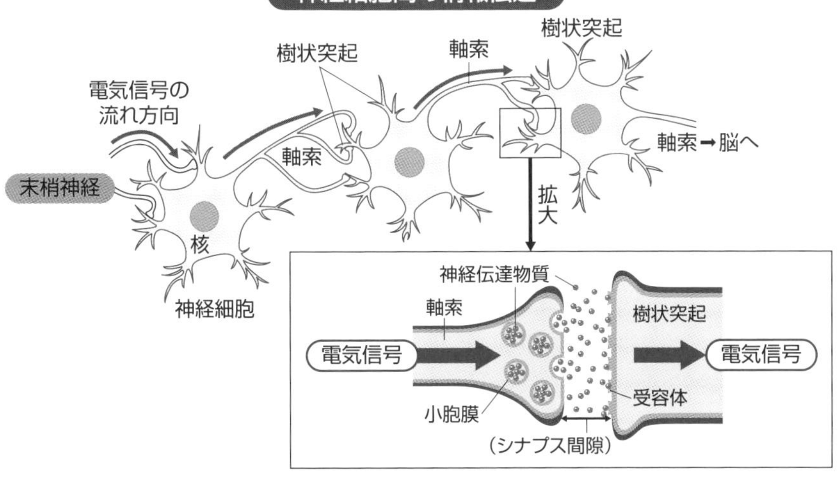

嗅覚と味覚の神経伝達経路

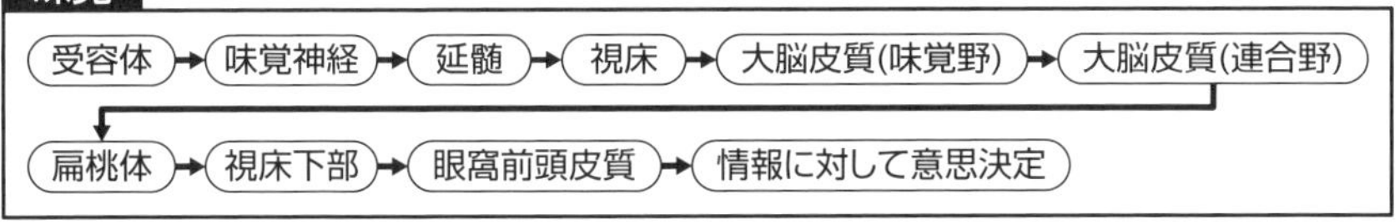

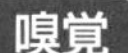

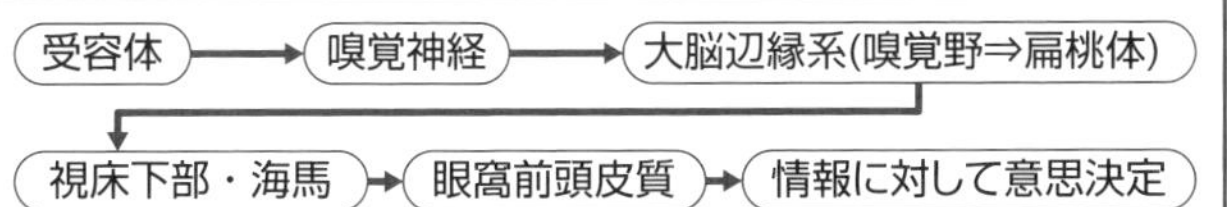

（注）矢印部は、シナプス（神経細胞同士が情報の授受を行う部位）である

におい情報の脳への伝達

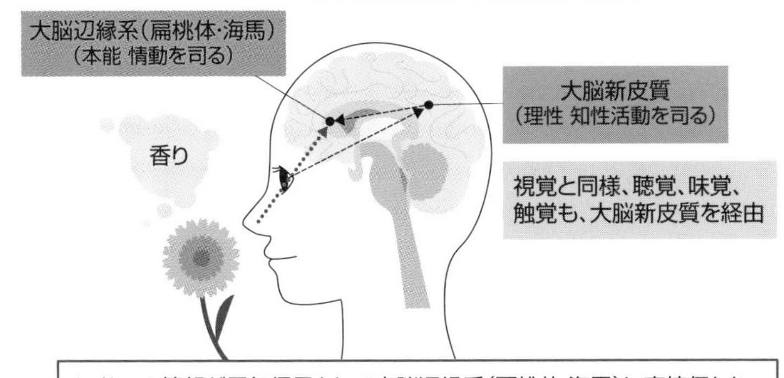

においの情報が電気信号として大脳辺縁系（扁桃体·海馬）に直接伝わり、瞬時に自律神経系、内分泌系、免疫系へと作用

8 混ぜるとにおいが変わるわけ

においの質の変化
におい物質の調合と

紅茶を入れ、その紅茶にレモンを加えてレモンティーにすると、もとの紅茶とは別のにおいに感じられます。においが他のにおいと混ざり合うと、違うにおいになることは、日常生活の中で、しばしば経験することではないでしょうか。香水やシャンプーなどを作る時もにおい物質を混ぜて新たなにおいを作り出しています。では、なぜ複数のにおい物質を混ぜると、新たなにおいとして感じられるのでしょうか。嗅覚受容体とにおい分子の関係からそのメカニズムの一端を知ることができます。

例えば、単一分子AおよびBの2種類のにおい物質があった場合、分子はそれぞれに対応する複数の嗅覚受容体にキャッチされます。次に、AとBが共存した場合、それぞれの受容体からの信号全てが、同時に脳へ送られます。その時、脳ではAとBのにおいが混ざり合っているのではなく、新しいにおいと認識します。

また、におい物質の特徴として、受容体の機能を停止する場合があります。通常、におい分子が受容体にキャッチされると、受容体に隣接しているG-たんぱく質が活性化され（アゴニスト）、嗅繊毛中で一連の情報伝達が進み電気信号に変換されます。しかし、におい分子が受容体にキャッチされたにも関わらず、G-たんぱく質が活性化されない場合（アンタゴニスト）があります。不活性化された受容体は一定時間、他のにおい分子をキャッチできず、嗅細胞の機能が停止します。におい物質は、受容体の活性化と不活性化の両機能を持っているのです（5章末コラム参照）。

においを混ぜ合わせた時に、このような受容体レベルでの現象があることに加え、脳レベルでのにおい情報（記憶・経験）の総合処理、さらに心理的な影響も合わさり、新しいにおいとして感じているのです。

要点BOX

- 混合すると異なるにおいになるのは嗅覚受容体とにおい分子の関係に原因がある
- 1物質がアゴニスト、アンタゴニストになる

におい物質の調合によるにおいの感じ方の変化

●におい物質が混合：全く違う新しいにおいになる場合がある

➡理由
におい物質が混合されると、におい分子同士がお互いの受容体を不活性化する場合がある

におい物質の2つの機能

不活性化する物質 ➡ アンタゴニスト
活性化する物質 ➡ アゴニスト
} アンタゴニズム

2つのにおい物質を混ぜた時のイメージと実際

イメージ（アンタゴニストとして作用しない場合）

においA

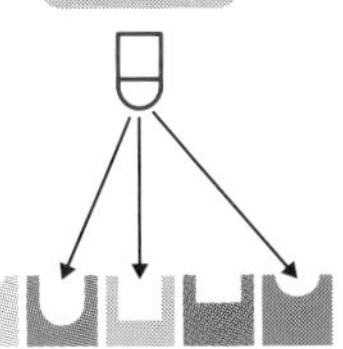

においB

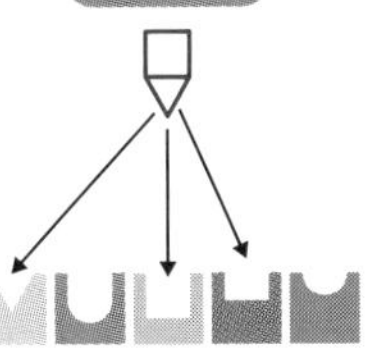

においA+B

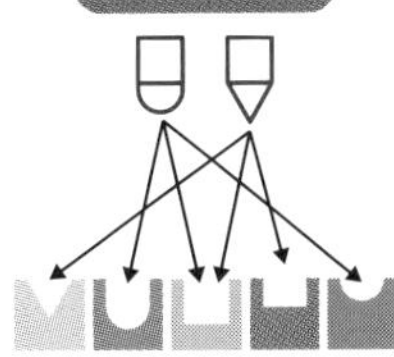

受容体

実際の現象（アゴニスト、アンタゴニストとして作用する場合）

においA

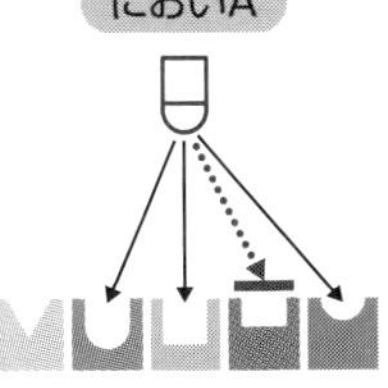

においB

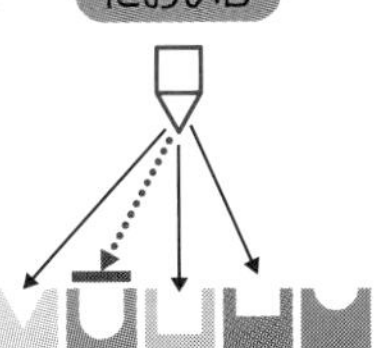

においA+B

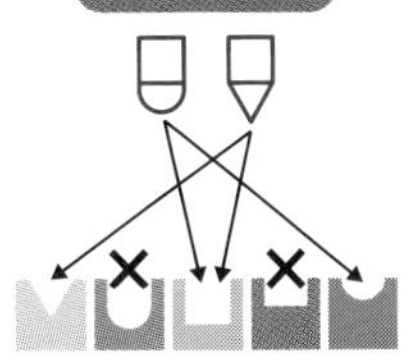

受容体

✕：不活性化状態で機能停止した受容体

においAでもにおいBでもない、新しいにおいとして感じる

➡ 変調（香水など）

—→ アゴニストとして作用 ┈┈→ アンタゴニストとして作用

9 においの好みは人それぞれ

においの好き嫌いは千差万別です。そもそもにおい感覚を起こさせる最初の段階のにおい分子と嗅覚受容体の結合において、個人差を生じさせる要因があります。それは嗅覚受容体の遺伝子配列が人により異なることがあることや、人により異なると考えられる酵素により嗅上皮に到達したにおい分子が変換されることがあるためです。それに加え、国、地域、民族、環境などにより、生活習慣や体験、記憶が人により異なります。脳に伝えられたにおい情報は、経験や記憶と照合して判断するため、経験や記憶はにおいの感覚に大きな影響を与えます。

においを嗅ぎ取る力にも個人差があります。嗅覚検査法の1つに、検知閾値検査の基準となっている「T&Tオルファクトメーター」があります。5種類の基準臭が指定されており、嗅覚障害の程度や治療効果判定に有用とされ、労災補償判定に用いられています。

国家資格の臭気判定士の嗅覚検査やにおいの測定のための被験者選定の試験にも、この5基準臭が使用されています。170人の検査結果を年齢別にみると、20歳代の合格率は92%で、年齢とともに低下し、60歳以上では50%になっています。

加齢に伴う嗅力低下の原因の1つに、嗅細胞の再生があげられます。日々、嗅細胞は死滅し、代わりに新しい嗅細胞が次々に生まれています。新しく生まれた嗅細胞が、機能を有するためには、においの刺激が必要で、においの刺激がないと細胞の死滅が進み、嗅覚が衰えてしまうのです。

同じ20歳代の検知閾値も、バラのにおいでは約3000倍、むれた靴下のにおい(腐敗臭)では約300倍の濃度差があるというデータがあります。嗅力には、年齢だけでなく、女性ホルモン、喫煙習慣、日頃からにおいを意識しているかどうかや、においの学習、体験なども影響しています。

要点BOX

- においを嗅ぎ取る力にも個人差がある
- 再生された嗅細胞には、におい刺激が必要不可欠

被験者(パネル)選定の試験概要

T&Tオルファクトメーター５基準臭

記号	基準臭	濃度(w/w)	においの質
A	β-フェニルエチルアルコール	$10^{-4.0}$	バラの花のにおい、軽くて甘いにおい
B	メチルシクロペンテノロン	$10^{-4.5}$	焦げ臭、カラメルのにおい
C	イソ吉草酸	$10^{-5.0}$	腐敗臭、むれた靴下のにおい、納豆のにおい
D	γ-ウンデカラクトン	$10^{-4.5}$	桃の缶詰のにおい、甘くて重いにおい
E	スカトール	$10^{-5.0}$	糞臭、野菜くずのにおい、口臭、カビ臭

5-2法の例

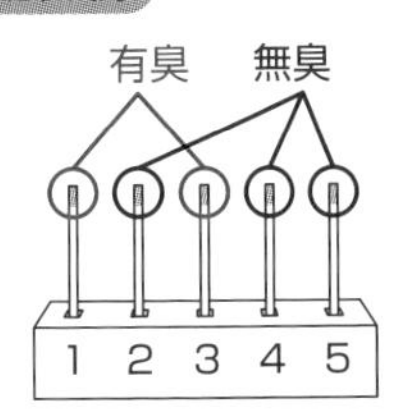

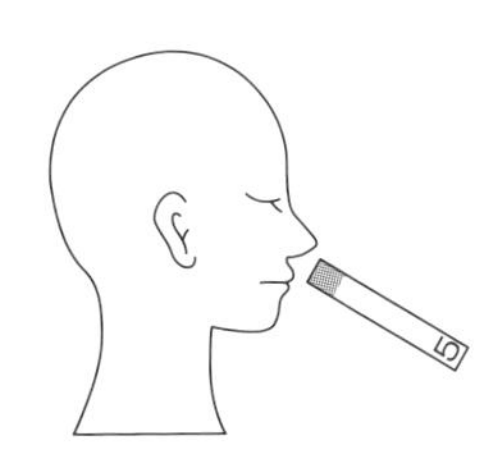

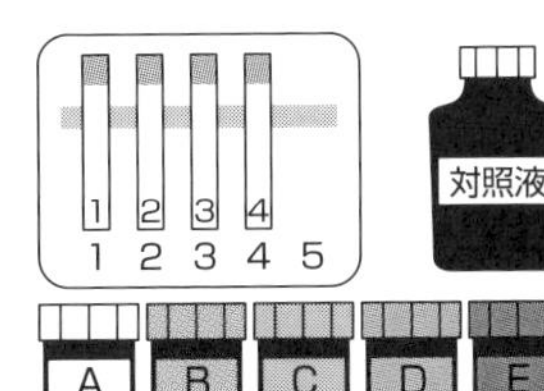

年齢別のパネル選定試験の合格率(n=170)

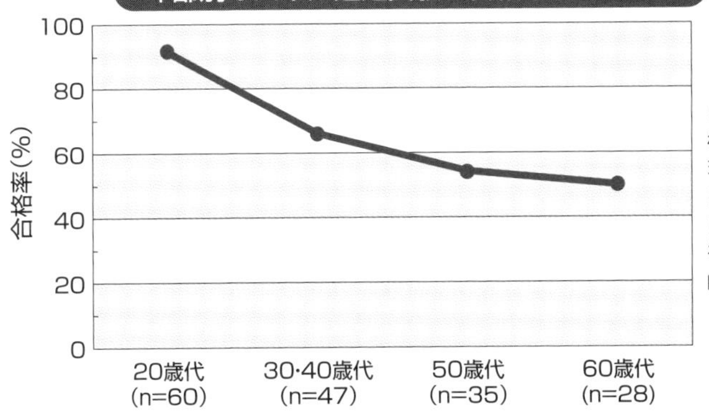

(参考文献)萬羽郁子、棚村壽三、光田恵：若年層と中高年層のたばこ臭評価の比較、日本建築学会大会学術講演梗概集、D-2、pp.653-656、2017

むれた靴下のにおいとバラのにおいの閾値の個人差のイメージ

人が嗅げるにおいの最低濃度の差

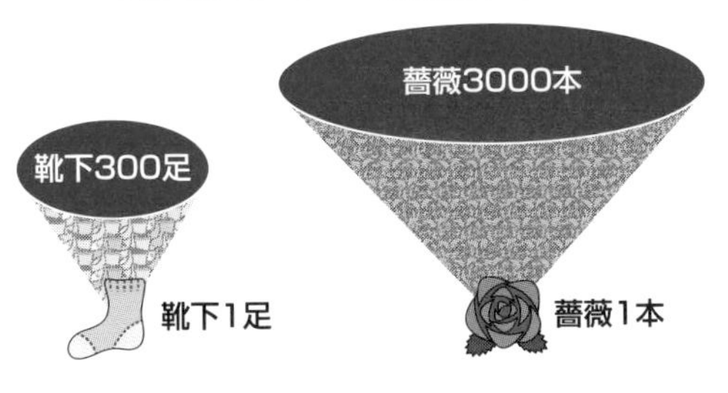

10 同じにおいを嗅いでいるとわからなくなる?

においに対する順応と慣れ

香水を使った直後はかおりを強く感じても、しばらくするとほとんどわからなくなったり、親戚や知人宅へ入った瞬間にはにおいを感じても、しばらくすると気にならなくなったりした経験はありませんか。

嗅覚は、同じにおいを続けて嗅いでいると、多くの場合、数秒から数分で感覚強度が低下します。このような現象を「順応」と言い、嗅細胞の応答の減衰が影響しています。順応は、あるにおいに順応しても、他のにおいが漂ってくると、変わらず応答し、感覚強度は低下しません。しかし、一部、異なるにおいに対しても低下することがあります。前者を自己順応、後者を交叉順応(相互順応)と呼んでいます。

住宅のリビングのにおいについて、その住宅の居住者と第三者である評価者で嗅いだ直後の評価を比較すると、居住者の8割以上は、自宅のにおいを「無臭」と回答していますが、評価者の約3割は「食品のにおい」「酸っぱいにおい」と回答しています。これには、中枢レベルでの感度の低下が影響していると考えられます。日々、繰り返し同じにおいを嗅いだことで、脳へ信号が送られても記憶と照合すると、目新しさがなくなり、反応を示さなくなったと考えられるのです。このような現象を「慣れ」と呼んでいます。

ところで、順応、慣れが起こらなければ、不快なにおいもずっと感じ続け、相当なストレスとなってしまうことでしょう。そう考えると、順応や慣れによって大いに助けられているわけですが、一方で、日常的に使用する香水や部屋に置くかおりの量が増えていくことが起こりがちです。

常に高濃度のにおいに曝(さら)されることは、嗅覚の役割が果たせなくなる恐れがあります。嗅覚は順応、慣れを起こしやすいことを念頭に、においの状態を客観的に把握できるよう心がけることが重要です。

要点BOX
- ●嗅細胞の応答が減衰していく順応
- ●中枢レベルでの感度が低下する慣れ
- ●順応しても他のにおいには変わらず応答

住宅のリビングのにおいの評価

居住者と評価者による自由記述の回答率

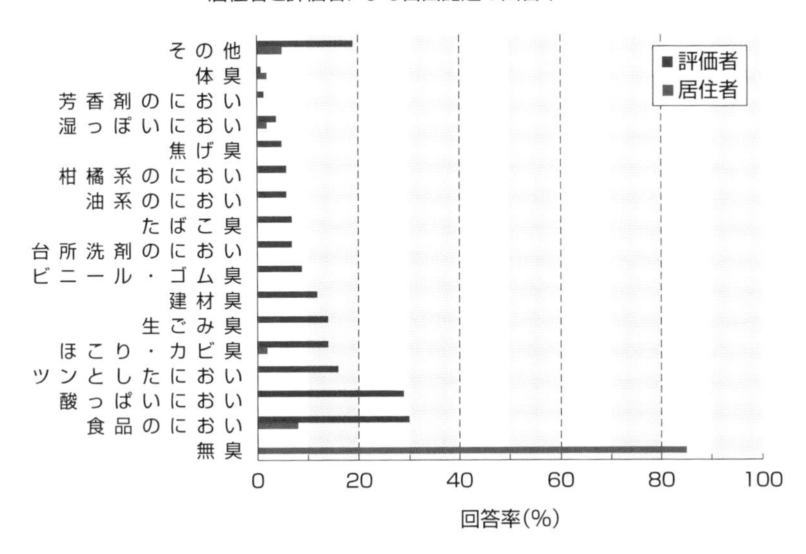

（注）戸建て20軒、集合住宅20軒の合計40軒のリビングのにおい調査で、「居住者」「評価者」ともに、においを嗅いだ直後のにおい質の自由記述をまとめている。「居住者」は、自宅のリビングのにおい評価を行ったものである。

（参考文献）棚村壽三、光田恵ほか：定常的なにおいに対する居住者とパネルの感覚評価の比較、日本建築学会環境系論文集、76（664）、pp.555-561、2011.6

居住者と評価者の臭気強度の比較

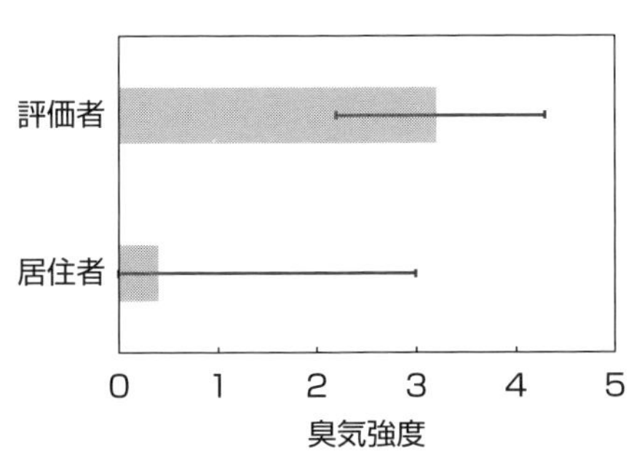

（注）棒グラフは40軒のリビングの臭気強度の平均値を、バーの右側は最大値を、左側は最小値を示している。「評価者」は、1軒のにおいを6人で評価した。

（参考文献）棚村壽三、光田恵ほか：定常的なにおいに対する居住者とパネルの感覚評価の比較、日本建築学会環境系論文集、76（664）、pp.555-561、2011.6

★順応は「細胞レベルでの応答の減衰」、慣れは「中枢レベルでの感度の低下」と考えられているが、実際には、においを続けて嗅いだ時の感覚強度の低下は、どちらの影響によるものであるのかを明確に区別するのは難しい。

また、「嗅覚疲労」「疲れ」と言われることがあるが、細胞レベルと中枢レベルの両方が影響していると考えられており、漠然と感度強度の低下に対して用いられている。

11 濃さが変わるとにおいの質が変化するわけ

においの濃さと質の関係

悪臭とは何でしょうか。耐えがたいほど強いにおいでしょうか。それとも強さはそれほどでもなく、質が嫌なにおいなのでしょうか。

においの感じ方というと、2つの面が考えられます。まず、強い、弱い、強烈ににおう、わずかににおう、といったにおいの刺激に対する応答、つまり強度です。もう1つは、心地よい、不快といったにおいの質についてです。悪臭というと、強くにおうだけでなく、質自体も不快なものと思われますが、悪臭が弱くなった時、質まで変化したと感じられることはないでしょうか。強度とにおいの質はどのように捉えられているのかを見てみましょう。

におうという現象には、におい分子と嗅覚受容体が関わっていますが、1種類のにおい分子でも、2種類以上の嗅覚受容体でキャッチされます（上図）。そして、それぞれの嗅覚受容体でにおい分子に対する感度が異なっています（下図）。

下図の受容体の曲線は、物質濃度が濃くなると、応答する嗅細胞の数が多くなり、受容体の応答が大きくなり、脳はにおいが強くなったと判断するわけです。におい物質濃度が②の時には受容体AとBが、濃度が③になると受容体A、B、Cが応答し、複数の受容体から電気信号が送られることになり、脳はそれらの信号を総合して強度とにおいの質を判断することになります。

このように、各嗅覚受容体でにおい分子の応答の感度が異なると、においが低濃度の時と高濃度の時に刺激される受容体の組合せが異なり、高濃度の時には、刺激される受容体の数が多くなります。受容体の組合せの数が異なれば、当然、違うにおいとして感じられるわけです。例えば、濃度により質が変化する物質として知られているのが、スカトールやインドールで、高濃度では糞臭、低濃度では花のかおりに変化します。

要点BOX

- ●1種類のにおい分子を複数の嗅覚受容体がキャッチする
- ●各嗅覚受容体でにおい分子への感度が異なる

におい分子と嗅覚受容体の関係

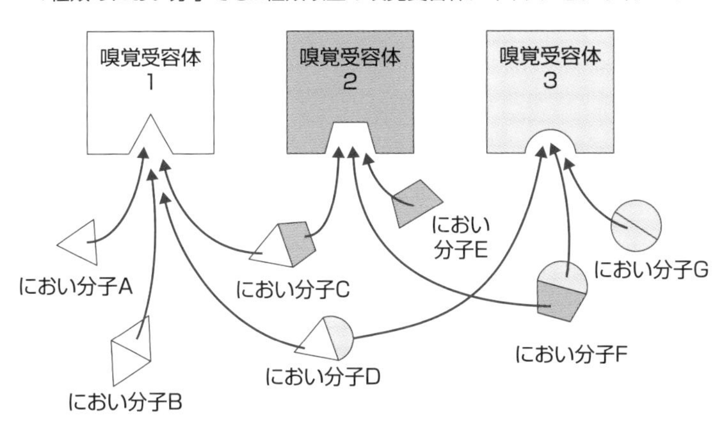

におい物質濃度と嗅覚受容体の応答の関係

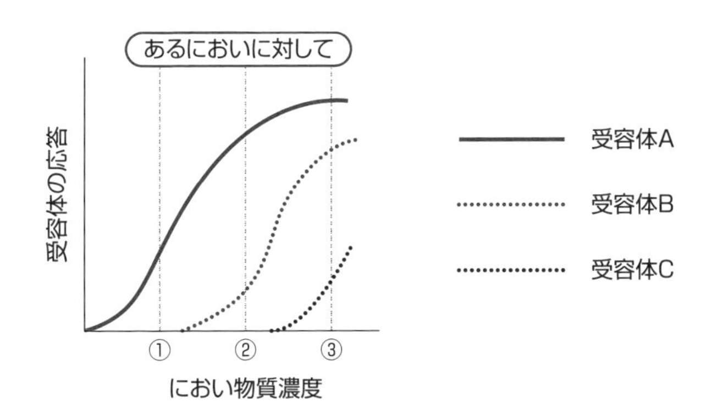

- におい物質は、2種類以上の受容体によって認識される
- におい物質は、2種類以上の受容体に対してそれぞれ異なった閾値を有する
- 物質濃度が濃くなると、強度だけではなく質も変化する

12 五感の中の嗅覚

嗅覚の大切さを知ろう

五感の中での嗅覚について改めて見てみましょう。外的情報を得るための優位性、第三者への言葉での伝えやすさ、感動を覚えるかなどの3項目に関して、五感の寄与度の差異をパーセントで表したものをみると、各項目において、ヒトは圧倒的に視覚に頼って生活していることがわかります。

世界の2大芸術ともいわれる美術・音楽は、主に視覚や聴覚によって得られる感動です。確かに、においを嗅いで「感動した」という感想を抱く機会は極めて少ないのではないでしょうか。これらの数値をみると、人にとって嗅覚の存在価値は低いものと感じてしまいます。しかし、五感の遺伝子数を比較すると、考えは一転します。嗅覚の遺伝子数が、他の感覚器官を圧倒しているのです。

恐竜が地球上を闊歩(かっぽ)していた2億5000万年前と時を同じくして、私たちの祖先である原哺乳類も約2億2000万年前に出現したと言われています。その時代の哺乳類の嗅覚は、例えば中国のジュラ紀(約1億5000万年前)化石層から発掘されたネズミ類の頭骨部位の調査により、鋭い嗅覚を有していたことがわかりました。

当時弱小であった哺乳類は、昼間は大型動物から身を隠し、夜になって行動していたのでしょう。嗅覚を発達させ、主に昆虫類を餌として捕食し、さらに漂ってくるにおいを捉えて、外敵から逃れ続けたことは容易に想像できます。そのような生活を1憶年近くも送った哺乳類の嗅覚遺伝子数は、その時代に最大となり、800種ぐらいになったと言われています。

当時、小動物として夜行性に近い生活をしていた哺乳類にとって、視覚はそれほど重要ではなかったのでしょう。その後、哺乳類は地球の歴史とともにさまざまな進化と分岐を繰り返し、類人猿、ヒトの出現へと繋がっていきました。

要点BOX

●嗅覚の遺伝子数は他よりも圧倒的に多い
●夜行性の生活の中で嗅覚が発達
●離れていても外敵のにおいに気づいて身を守る

ヒトはどの五感に頼っているのか

感覚器官	優位性	言葉で伝えやすい	感動を覚える
嗅覚	3.5	1.9	0.5
味覚	1	9.9	3.0
視覚	87	75.7	72.6
聴覚	7	6.0	17.6
触覚	1.5	6.7	6.4

（注）優位性とは、ヒトがどの感覚からの情報に頼っているのかを割合で示したものである。
（参考文献）照明学会編「屋内照明のガイド」、電気書院、1980

五感の遺伝子数

嗅覚
約800種
（このうち実際に機能している遺伝子は約400種）

味覚
約30種
（このうち、苦味:25種、甘味・旨味:3種、塩味:1種、酸味：1種）

視覚
4種類
（色覚:3種、明暗:1種）

聴覚
50〜100種
（正確な数は確定されていない）

触覚
20〜40種
（正確な数は確定されていない）

私たちの祖先とも言われている10㎝程のネズミに似た哺乳類

13 消臭効果はどう感じられるのか？

におい物質の濃度とにおい感覚の関係

嫌なにおいを消そうと、悪臭物質の除去率90％という消臭品で対策を試みたとしましょう。90％も悪臭物質が除去できるのであれば、きっとにおいをほとんど感じなくなるはずだと期待が大きいかもしれません。しかし、思ったほどの効果が得られないこともあるでしょう。

し尿のようなにおいと言われるアンモニアと刺激的な発酵臭であるイソブタノールの、濃度とにおいの強さ感覚の関係を見ると、2つのにおいとも濃くなるほど、においが強くなる比例関係にあることがわかります（上図）。ただし、気を付けたいのは、横軸が対数目盛になっている点です。横軸の物質濃度は1目盛りが、10倍の間隔になっています。

例えば、イソブタノールを下図の「4：強いにおい」と感じ、90％除去できるという消臭品で対策を行ったとすると、においの強さが4の時の濃度は72ppmですから、90％除去できると、7・2ppmにすることができます。しかし、7・2ppmの時、上図の縦軸のにおいの強さ感覚は、3・2（楽に感知できるにおい以上）です。ほとんどにおわなくなると期待して対策を実行しても、実際には楽に感知できるにおい以上に感じてしまうわけですから、効果があったと思えないのではないでしょうか。

下図のにおいの強さの尺度は、1の時に、やっと感じられる程度ということですので、悪臭対策を施す時には、この程度までの低減が求められるのではないかと思われます。においの強さを1にするためには、イソブタノールの濃さを0・012ppmにする必要があり、強いにおいと感じている場合の除去率は、実に99・98％です。

単一のにおい物質で、濃さが中等度の場合に、物質濃度の対数とにおいの強さ感覚は比例関係にあります（フェヒナーの法則）。また、その傾きは物質によって異なっています。

要点BOX

- ●におい物質濃度の対数と強さ感覚にはフェヒナーの法則が成立
- ●におい物質ごとに強さの上昇の仕方が異なる

物質濃度とにおいの強さ感覚の関係

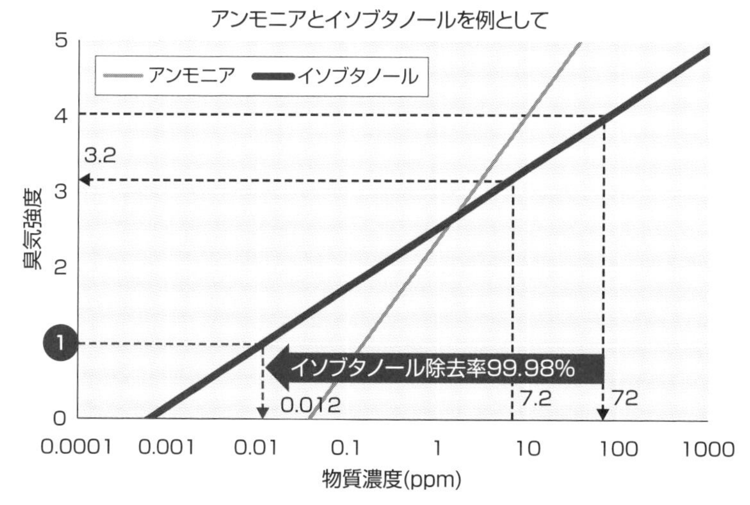

アンモニアのように傾きが急である場合には、除去率90%で、においの強さは1段階以上の低下が期待できるが、においの発生時に急に強いにおいを感じる可能性があり注意が必要である。傾きが緩やかな場合には、一旦、強いにおいを感じると、臭気強度を低下させるために物質濃度を大幅に低下させなければならないことになり、相当の除去率を要することになる。

6段階臭気強度尺度

0：無臭
1：やっと感知できるにおい（検知閾値）
2：何のにおいであるかわかる弱いにおい（認知閾値）
3：楽に感知できるにおい
4：強いにおい
5：強烈なにおい

（注）悪臭防止法、日本建築学会環境基準でも用いられている臭気強度尺度

曲鼻猿類

鼻腔が屈曲して鼻孔が左右を向いている
※次頁コラム参照

直鼻猿類

鼻腔が真っすぐで鼻孔が前方または下方を向いている

Column

動物の嗅覚

およそ46億年前に地球が誕生し、40億年前に生命が誕生したと言われています。細菌類、単細胞生物、多細胞生物類が出現し、地球史上では先カンブリア時代として分類されています。

古生代に分類される5億5000万年前になると、地球上の激変期とも言われる視力を有する生物が現れ、カンブリア爆発と呼ばれる生物の大変革が起こりました。現れた生物は視力を持った三葉虫、アノマノカリスを始めとする多様な生物群でした。その後、何度かの生物絶滅期を経て、およそ2億5000万年前に恐竜が出現し、同時期に哺乳類も現れました。中生代の始まりです。

昨今の多くの調査研究から、約1億年前の哺乳類としての共通祖先は、約800個の嗅覚受容体遺伝子を有していたことがわかってきました。そこから哺乳類は、さまざまな種への分岐を繰り返し、嗅覚遺伝子の数も変化させてきました。

哺乳類から分かれた霊長類は、鼻の形で曲鼻猿類と直鼻猿類に分けられます。曲鼻猿類は嗅覚遺伝子数を維持し続けましたが、直鼻猿類は消失し始めました。嗅覚依存型であった哺乳類から分岐した霊長類が、なぜ嗅覚遺伝子を減少させたのかは不明な部分が多く、原因は種々考えられてきました。しかし、2018年の研究報告において(Molecular Biology and Evolution オンライン版.2018.4.11)固体種が、果実食か葉食かで嗅覚遺伝子数に相違があることが発表されました。餌に占める葉の割合が大きく、さらに果物の割合が小さいほど、嗅覚遺伝子数が減少している傾向が確認されました。それが直鼻猿類です。その傾向がやがて類人猿、ヒトへと伝搬され、現在に至っているのです。

そもそも動物が果実を見て、摂食できるか否かを判断するのは、熟度と腐敗をにおいで嗅ぎ分けることです。見た目ではわかりづらく、嗅覚に依存していたわけです。嗅覚依存から視覚依存へ移行し始めた時、劇的変化が視覚メカニズムに発生しました。直鼻猿類は、眼球網膜に高精度の視認性を得ることができる中心窩を身につけたのです。これによって、視覚情報の正確性が格段に上がったことは間違いないでしょう。直鼻猿類は、ますます嗅覚依存度を下げていくようになったのです。

第2章

におい・かおりって何?

14 生活の中でのにおいの役割は？

人は、外界の大半の情報を五感の中の視覚から得ています。次に、多くの情報を得ているのは聴覚からで、嗅覚から得られる情報はわずか数％と言われています。

しかし、においには多くの重要な役割があります。においに対する感覚である嗅覚は原始的な感覚とも言われ、原始的な生活では食料の探求には欠かすことができない感覚でした。敵や見方を発見し、身を守るためにも大きな役割を果たしました。木々や草が生い茂った中では、視覚はあまり役に立たず、嗅覚に頼ることになります。このように、生きるために必要な感覚という点が原始的と言われる所以です。

現代の生活の中でも、においによって、危険を知らせる機能が使われています。代表的な例として、都市ガスなどの付臭剤（20項参照）があります。無臭のガスにわざわざにおいを付け、ガス漏れを知らせています。また、口に入れる前に食物のにおいを嗅いで、腐敗していないか、異物が混入していないかなどを確かめる時にも嗅覚が使われます。

古くから病気や体調により体臭が変化することが知られており、伝統医学の診察法の聞診では、声の調子や呼吸音を聞くだけでなく、体臭や口臭などを嗅いで診断が行われてきました。近年、皮膚ガスや呼気など人体から発生する生体ガス成分の変化を計測し、病気の早期発見につなげようとする研究開発が進んでいます。

生活の中で、料理のにおいからおいしさを感じたり、訪れた土地のにおいからやすらぎを感じたり、木草花のにおいから季節の移り変わりを感じ取ったりすることがあります。環境省では、すばらしい景色や地域・街の様子を見る時、そこに存在するかおりがあるとし、そのようなかおりのある全国１００か所の風景を「かおり風景１００選」として選定しています。

要点BOX

- ●においには危険を知らせる役割がある
- ●病気や体調で体臭が変化する
- ●景色や街の様子を彩るかおり

嗅覚とにおい

危険を察知
敵・見方を発見

おいしさを感知
食料探索

体調変化・病気を早期発見

季節・環境を認識

かおり風景100選

かおり風景とは、多くの住民が気軽に楽しめ、訪問者も楽しめる風景であり、地域の自然的、歴史・文化的、生産活動の環境としての位置付けが認知され、今後も継承されるものであること、人の持つ五感を呼び戻す環境づくりに貢献することなどが選考のポイントで、次のようなかおり風景が100か所選定されている。

花・樹木、潮風、温泉、果物などの自然のかおり

・ふらののラベンダー
・黒部峡谷の原生林
・別府八湯の湯けむりなど

にかわ、墨、ろうそくなどの伝統工芸のかおり

・郡山の高柴デコ屋敷
・ならの墨づくり
・内子町の町並と和ろうそくなど

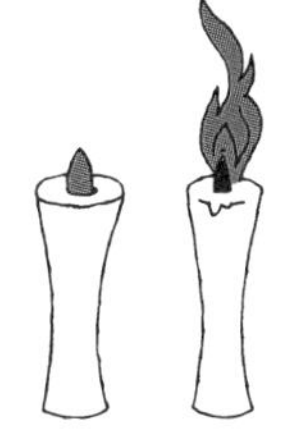

酒、塩ワカメづくりなどの地方特産のかおり

・酒と醤油のかおる倉吉白壁土蔵群
・灘五郷の酒づくり
・答志島和具浦漁港の塩ワカメづくりなど

古書、焼き肉などのその街に立ち込めるかおり

・神田古書店街
・鶴橋駅周辺のにぎわい
・祇園界隈のおしろいとびん付け油のかおりなど

15 火の発見とかおり

魅惑的なかおりの加熱香気

ヒトは直立二足歩行により、咽喉部が発達し、チンパンジーなどとは異なり、食べ物のにおいを濃厚に感知できるようになったようです。これによりヒトは食べ物の風味を楽しむと同時に、おいしさにうるさい動物になったと推測されています。

今から約200万年前以降、数10万年前頃には、人類の祖先であるヒトは狩猟もするようになり、30万年前頃には火も使うようになったようです。おそらく最初は自ら火を起こすことはできず、火山噴火や雷などから発生した野火などを利用し、徐々に日常的な生活の中で火を扱えるようになったと考えられています。

火の使用により、暗い夜を照らし、獣から身を守り、身体を温め、寒冷地に住み、食べ物を焼くなどの調理ができるようになりました。特に、火を使った調理は、ヒトが動物性たんぱく質や炭水化物からの栄養摂取を容易にし、食べ物の栄養価を上げることにつながりました。

また、病原となる寄生虫や細菌類が低減でき、病気になりにくくなることや、食べ物が長期保存できるようにもなりました。そして、火を使って肉などを焼くことにより、新たに香ばしい加熱香気を獲得することができ、多くの魅惑的な風味やかおりを味わえるようになったのです。

ローストしたコーヒー豆、焼き菓子、調理食品などのたくさんの加熱香気のおかげで、豊かな食生活を実現できています。また、食品加工に準じた加熱工程で製造された、かおりと味とのバランスの良い各種の加熱フレーバー（Processed Flavor）が実用化されています。このような加熱フレーバーはアミノ酸と糖との反応（メイラード反応）による生成物が主役で、主にフルフラールなどのナッツ様の香ばしいにおい、ロースト様、甘いにおいなどを示し、食品のおいしさに大きく貢献しています。

要点BOX

- 火の発見は、暖が取れ、危険から身を守ると同時に、新たなかおりの誕生につながった
- 加熱香気が豊かな食生活を実現

直立二足歩行になってから可能になったこと

メイラード反応のイメージ

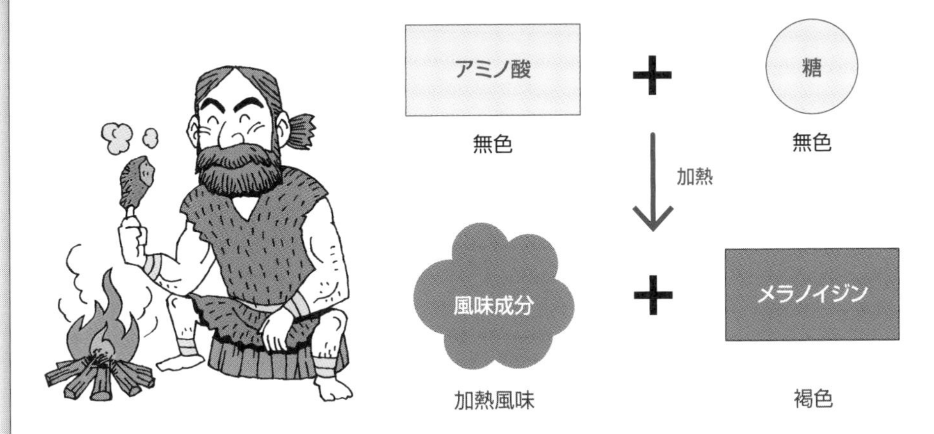

用語解説

加熱香気：食品の成分間で加熱によって生成する香気成分のこと。

16 日本独自のかおり文化と歴史

繊細なかおり文化、香道

東洋のかおりの源流はインドと言われています。インドでは古くから多くの香木、香花、香果が生育しており、人々の生活にはふんだんにかおりが取り入れられていました。また、古くから各種の樹脂や香木を薫香として宗教的儀式にも用いていました。

インドに接近する中国でも古くからかおりと文化は深い係わり合いを持ち、3~6世紀の六朝時代には香料が線香や薫香に用いられていました。特に好まれた香料は、麝香、白檀、パチュリ、種々の樹脂で、寺院の儀式では必ず薫香が焚かれたようです。

日本のかおり文化は、6世紀中頃の飛鳥時代に仏教伝来とともに伝えられた薫香に始まります。日本には香料らしきものがほとんどなく、香木といえばヒノキ、クスノキ、クロモジなどでした。当時の香料はすべて海外からの輸入のため、高価であり、貴族社会でしか用いられませんでした。奈良時代には、唐の鑑真和上が薫物を日本に伝えました。

薫物は、沈香、白檀、丁子、竜脳(ボルネオール)、麝香、貝香などの漢薬香料を粉末にして梅肉や蜂蜜などを加えて練り合わせ、湿度を保ちながら熟成させてつくられたようです。それまではわずかな香木のかおりしか知らなかった日本人は、薫物の複雑なかおりに魅せられました。平安時代になるとかおりは宗教を離れて美的目的にも用いられるようになり、貴族の間で香会または合わせ香と称する薫香を鑑賞する会が開かれるようになりました。

13世紀には精神的にも時代的にも適応した沈香が愛されました。そして、足利義政の東山文化の時代に香道が誕生しました。宮中においては三条西実隆、武家では志野宗信が一定の作法と諸道具を完成させ、沈香を用いた香合せが定型化しました。香道は香木を焚いてかおりを嗅ぎあてる遊戯であったと同時に、平常心を高める精神陶治の道となり、かおりを利用した日本独自の芸道になったのです。

●香道はかおりを利用した日本独自の芸道
●香木を焚いてかおりを嗅ぎあてる遊戯と平常心を高める精神陶治

日本のかおり文化の歴史（〜江戸時代）

年代	香りの歴史	備考
6 世紀中頃 （飛鳥時代）	中国から仏教とともに薫香が伝わる	香木を焚いて宗教的儀式に用いる
8 世紀（天平時代）	仏教文化の発展とともに朝廷でも香が焚かれた	
754	鑑真和上「合香の法」を日本に伝える （薫物の原型）	沈香、白檀、丁香、麝香、安息香などを粉末にして蜂蜜などで練り固めた練香
9〜12世紀 （平安時代）	貴族の間で香会が開かれる（宗教→美的目的）	
	「薫物合」→貴族の間に流行	「源氏物語」
平安時代末期	薫衣香、匂い袋普及	
13 世紀	武士社会の生活反映→沈香を愛用（聞香）	
15世紀（室町時代）	東山文化、香道の黎明期 、茶の湯にも取り入れられる	日本固有のかおり文化
	香道流派誕生（志野、御家、米川、建部流など）	三条西実篤によって集大成
江戸初期	寛永文化→新興の武士や富豪に普及	
	庶民が香料を化粧に用いる	伽羅の油、花の露（鬢付け油愛用）
	聞香形式→焚合香が中心	
	線香製造法伝来→お香が庶民に広がる	
	庶民：和木（神社の鳥居の余木など）を焚き楽しむ	
	六国五味（沈香の性質分類）→組香の方式完成	
江戸中期	視覚にうったえる盤物（競馬香など）がつくられた	
	香道書「香道箇条目録」が刊行	
1763	平賀源内 蒸留法による「薔薇露」の作り方紹介	ランビキ（蘭引）という蒸留器を用いた
	化粧水誕生	
1813	女性の教養書「風俗化粧法」→化粧水広く普及	簡便な「花の露」の作り方紹介
江戸末期	舶来の香水紹介	

香道

17 においが混ざり合うとくさいのか

におい物質が混合された時の感じ方

日常生活で起こるにおい感覚は、多種類のにおい分子の情報を脳が総合的に処理し、何のにおいか、どんなにおいかを判断しています。

1種類のにおい分子でも、その量によってにおいの質が変化する場合があります（11項参照）が、人にとって、におい分子数の増減で変わってくる主な現象が強度変化です。におい分子に応答する嗅覚受容体の増減に起因しています。また、複数のにおい分子の存在により、においの質が変わるのは、応答する嗅覚受容体の種類が変化するからです。

さまざまなにおい物質を混ぜ合わせて作られる代表的なかおりが香水です。香水を作り上げる専門家は調香師（パフューマー）と呼ばれ、かおりの芸術家とも言われます。欧米諸国では、自分の体臭と合わさってできあがる新しいかおりに価値観を見出しており、香水は欠かせません。

香水というと、2021年に誕生からちょうど100年を迎える世界的に有名な香水があります。シャネルNo・5です。当時、香水と言えば、植物性、動物性の天然香料が使われ、良いかおりを混ぜ合わせればより良いかおりになるとされていました。そこに革命を起こしたのが、合成香料アルデヒドの使用です。アルデヒド（アルデヒド基を持つ有機化合物の総称）は、単一で嗅ぐと、脂っぽいにおいがし、どちらかと言えば不快なにおいに分類されます。しかし、他の花や柑橘系の香料と混ぜ合わせることで、温かみや華やかさ、そして深みのある心地よいかおりを生み出したのです。

日常生活のさまざまなにおいが混ざり合うと、快にも不快にもなります。日常生活の不快臭も、脱臭剤や消臭剤によってにおい物質が低減され、全体のにおい物質の構成比が変わったり、芳香剤でにおい物質が加わると、全体として不快でない新たなにおい質へ変化する可能性があります。

要点BOX
- ●香水業界の歴史を変えたシャネルNo.5
- ●不快なにおいも調合によって心地よいにおいへ変化することがある

香料の種類

天然香料

植物や
動物から
抽出される
香気成分

- 植物性香料
- 動物性香料

合成香料

香気を持つ単一の化合物で、
基礎的な化学物質から
製造されるものや、
精油など天然物から
単離されるものがある

調合香料

天然香料と合成香料を
ブレンドした嗜好性の
高い香料

においの質の変化

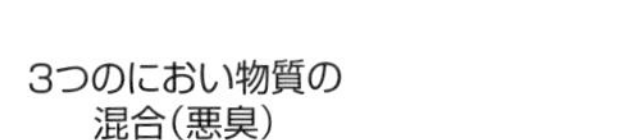

3つのにおい物質の
混合(悪臭)

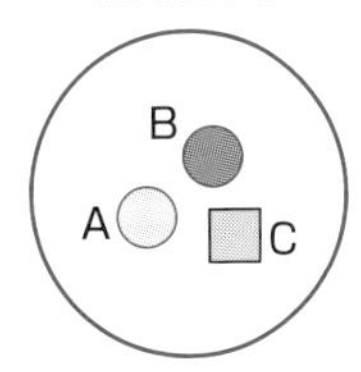

脱臭剤・消臭剤の
対策により
特ににおい物質Bが
低減

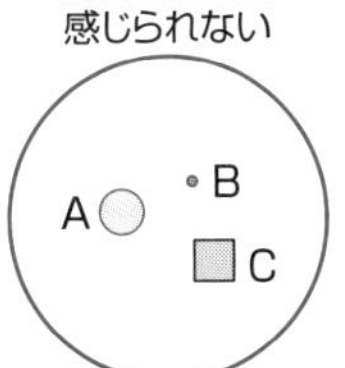

混合で悪臭と
感じられない

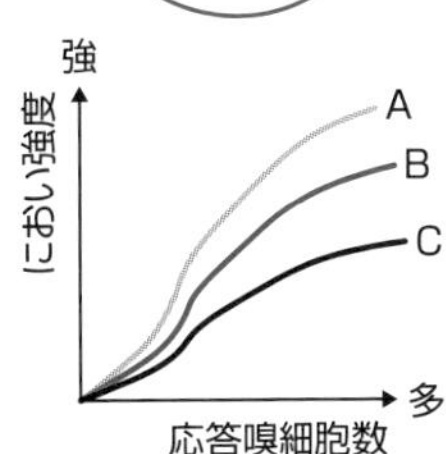

芳香剤により
におい物質D付加

悪臭の質の変化

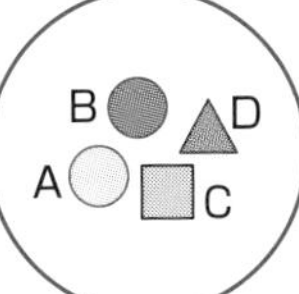

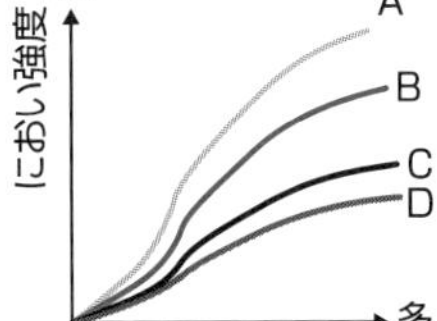

18 においの感じ方の個人差が香害を引き起こす

かおりの使用時の注意事項

「こうがい」という言葉から、通常「公害」をイメージします。日本では1900年代、高度成長期を背景に4大公害病が発生しています（富山イタイイタイ病、熊本水俣病、新潟水俣病、三重四日市ぜん息が挙げられます）。2つ目の「こうがい」は「光害（ひかりがい）」です。不適切な照明が、天体観測や動植物の成長に悪影響を与える状況を指しています。

近年、新たに出てきた「こうがい」は、実はかおりに関係するのです。それが3つ目の「香害（かおりがい）」です。洗濯用柔軟仕上げ剤は2000年代になり、米国を中心に広がり始めました。柔軟仕上げ剤は、繊維の手触り感（触感）を良くし、仕上がりをふんわりさせるなどの目的で市場に導入されたものです。それが海外旅行者による現地商品の持ち込みや、個人輸入制度の利用により、かおりの強い商品が徐々に国内でも広がりました。当初、国内洗剤メーカーは、強いかおりを洗濯物に残すことは、日本の消費者には受け入れられないと考えていましたが、使用者は確実に増加しました。こうした背景があり、国内洗剤メーカーも一斉にかおりを特徴とした柔軟仕上げ剤を販売していくようになったのです。

一方、使用する消費者は10項のとおり、かおりに対する慣れの影響もあり、使用量が増える傾向がみられます。使用していない人の中には、そのかおりによる体調不良を訴える人が多くなり始めました。

かおりはあくまでも嗜好品に該当するため、使用は個人の自由です。しかし、頭痛、吐き気、めまいやアレルギー症状などで病院にかかる人が多くなってきた状況を踏まえ、独立行政法人国民生活センターが2013年9月に「柔軟仕上げ剤のにおいに関する情報」として、使用方法について注意喚起を行うに至りました。その後も体調を崩すという訴えがなくならないことから、2020年3月に2度目の注意喚起を発表しています。

要点BOX

- ●香害にはかおりの強さが関係する
- ●かおりの使用には、嗜好性の個人差や慣れを考慮することが大切

柔軟仕上げ剤による香害

19 深い味わいにはにおいが関与

料理の味を評価する時、甘い、酸っぱい、塩辛い、苦い、うまい、そして風味が良いといった言葉が使われています。甘味、酸味、塩味、苦味、うま味は、基本五味と言われ、アミノ酸や有機酸、糖類、核酸などの水溶性の化学物質がもたらす味を構成しています。基本五味は、味蕾(みらい)で感じるものですが、おいしさには、味そのものだけでなく、におい、料理の見た目、食感、噛んだ時の音、食事の雰囲気や環境なども関係します。おいしさは、味覚だけでなく、嗅覚、視覚、触覚、聴覚の五感すべてで感じるものなのです。風味は、においや味わいを意味し、中でも嗅覚が大きく影響しています。

人は、料理のにおいを鼻で嗅ぎ(オルソネーザル)、食べたことがある料理などの記憶から、おいしそうと、食べる前に味の想像を膨らませます。次に、料理を口に入れ、味覚でおいしさを捉えるとともに、咀嚼している間に、喉越しから鼻先へ抜けていくにおい(レトロネーザル)によって、「想像以上においしい」「思ったほどおいしくない」などと感じます。このように、食べ物のにおいを嗅覚受容体へ運ぶルートを2つ持つのは人ならではです(4項参照)。

においの感じ方には、環境中の温度と湿度も大きく関与しており、温度が上昇すると、におい物質が気化しやすくなり、多くのにおい分子が空気中に漂います。オルソネーザルとレトロネーザルでは、感じられるにおいの強さや質が変化しますが、これにも、温度、湿度が影響しているのです。口の中は温かく、湿度が高いため、より多くのにおい物質が感じられます。また、唾液の作用により、食べ物の持つにおい物質と反応し、新たなにおいを作り出すこともあります。

オルソネーザルとレトロネーザルは、料理の味わいにも関与しており、おいしさには味覚だけでなく、嗅覚も重要な役割を果たしているのです。

要点BOX
- ●おいしさには五感すべてが関与
- ●人ならではのレトロネーザルは温度と湿度の影響もあり、オルソネーザルとは異なる

おいしさを決めるもの

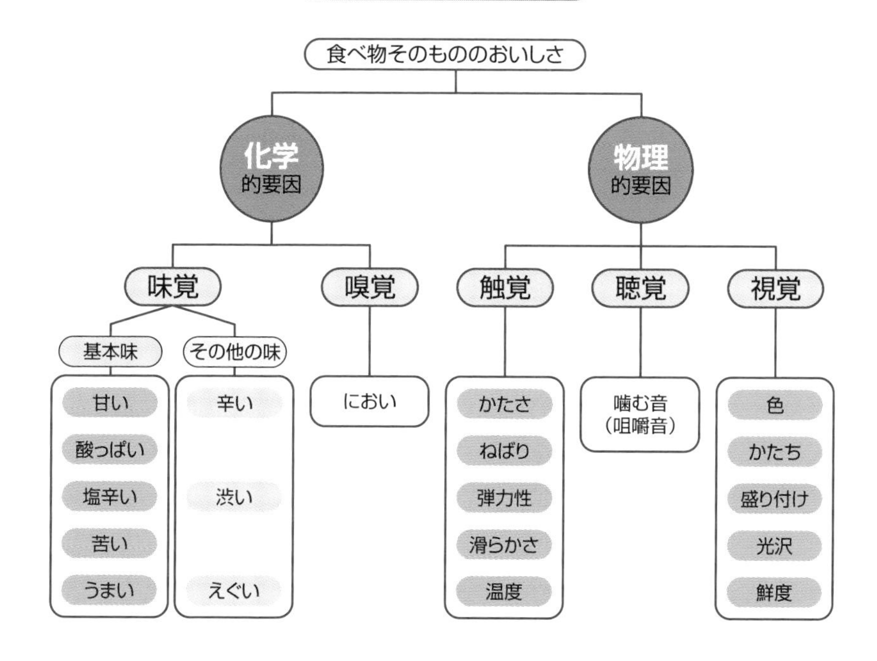

レトロネーザルの不思議

鼻をつまんだままだとチョコを口に入れて噛んでも味がわからない。鼻をつまんだ手を離すと、口腔内のにおいが鼻から抜け、おいしさを味わえる。

20 においは危険を知らせる信号

付臭剤の役割

五感が感じる距離感覚を意識したことがあるでしょうか。視覚と聴覚はかなり遠くのものを見たり聞いたりできますが、聴覚は音が伝わるまでに少し時間がかかります。嗅覚は近距離ではありますが、身の回りのにおいを嗅ぐことができます。味覚や触覚は、実際に口の中や肌に触れないと感じることができません。

五感の中で特に嗅覚は、身体に近いところで起こっているにおいの出来事を感じることができる重要な感覚です。花々のかおりで季節を感じたり、調理のにおいを感じたりすることは誰もが経験することです。しかし、時にはガスのにおいのように危険を感じることもあります。

ところで、14項でもお話しましたが、ガスにはにおいが付けてあります。天然ガスや液化石油ガスの成分は、主にメタン、エタン、プロパン、ブタンといった物質ですが、これらは無臭の気体です。しかし、ひとたびこれらのガスが漏れると爆発や火災が起こる危険性があります。そこで、これらの可燃性ガスに意図的に嫌なにおいを付けて、私たちに危険を知らせて未然に事故を防ぐようにしています。このような役割のにおい物質を付臭剤といいます。

付臭剤は、ガス事業法によりガスの空気中の混合比率が1000分の1で感知できるにおいがするものと規定されています。一般的に使われているものとしては、tert-ブチルメルカプタン、硫化メチル、テトラヒドロチオフェンなどがあります。これらは、玉ねぎが腐ったようなにおい、にんにくのようなにおい、石炭ガスのようなにおいと言われ、微量でも感じることができます。これらの物質が付臭剤として使用されているのは、通常の生活の中では感じることがない異質なにおいであり、順応を起こしにくく、検知方法が確立されていることが理由です。

要点BOX
- ●天然ガスや液化石油ガスはもともと無臭
- ●ガスのにおいは危険を知らせる付臭剤のにおい

見えていないと、においや音に敏感になる

ガスのにおい

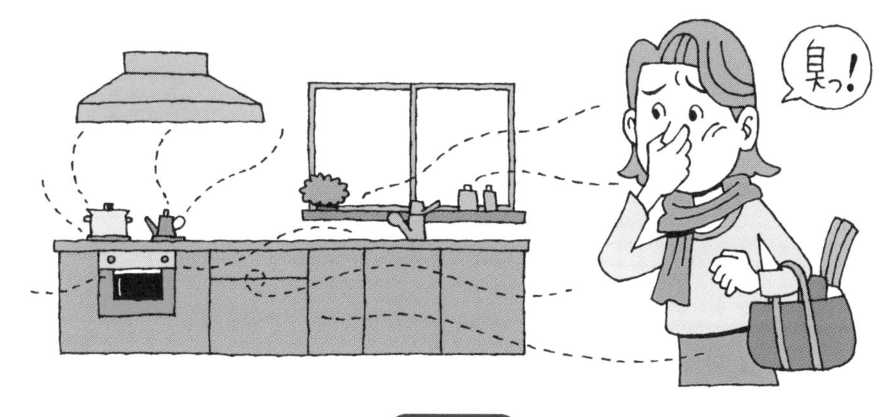

付臭剤

$$CH_3-\underset{\displaystyle CH_3}{\overset{\displaystyle CH_3}{\underset{|}{\overset{|}{C}}}}-SH$$

tert-ブチル
メルカプタン

（玉ねぎが腐ったようなにおい）

$$H_3C\diagup^{S}\diagdown CH_3$$

硫化メチル

（にんにくのようなにおい）

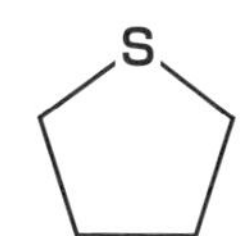

テトラヒドロチオフェン

（石炭ガスのようなにおい）

21 生活の中の悪臭の発生要因

加熱・燃焼と細菌の作用がにおいを発生させる

日常生活を送るうえで、快・不快に関わらず、においは絶えず私たちの身の回りに存在しています。住宅内での悪臭の発生源は、人体、排泄物、調理、ストーブ、たばこなどです。そのにおいを構成しているにおい物質の発生要因について考えてみます。

調理時には、加熱や燃焼によってにおいが発生します。100℃～180℃で食材、調味料、スパイスなどが一気に過熱されると、熱による分解そして酸化反応が起こり、不快なにおいである短鎖脂肪酸類、短鎖アルデヒド類が多数生成されます。また、燃焼によるにおいには、たばこ臭（紙巻きたばこの喫煙時のにおい）があります。最近の禁煙志向から、家庭内での喫煙は少なくなってきていますが、喫煙時にはたばこの先端温度は800℃以上になっています。燃焼により4000種とも言われる多数の分解物、酸化物が生成され、発ガン性物質や多くの悪臭物質も含まれます。

加熱や燃焼によってにおい物質が生成されることは、容易に理解でき、においの発生を予想できます。しかし、細菌（バクテリア）やカビの介在で、新たににおい物質が作り出されるとなると厄介です。

細菌とにおいの発生の関係を考えるには、細菌やカビが生存するための条件（温度、水分、栄養の3条件、カビは空気が加わる）をしっかりと理解する必要があります。細菌やカビは微生物ですから、餌を食べなければ生きられません。微生物にとっての餌とは、地球上に存在するすべての物質です。私たちの住宅内は細菌・カビにとって、格好の餌場です。たんぱく質、脂肪（皮脂）、炭水化物などすべてが細菌・カビの餌となり、代謝物として悪臭を含む多くの物質が排泄されます。細菌は、主に分子を切断したり酸化したりしますが、カビの場合は、ゲオスミンや2-メチルイソボルネオールなどの全く新しいカビ臭と呼ばれるにおい物質を生成するのです。

要点BOX
- 加熱・燃焼では物質の分解、酸化反応によって悪臭物質が発生
- 細菌の分子の切断、酸化により悪臭物質が発生

におい発生の原因となる細菌・カビのエサ

たんぱく質を構成する20種類のアミノ酸

1	アラニン：A	11	アルギニン：R
2	バリン：V	12	セリン：S
3	ロイシン：L	13	トレオニン：T(スレオニン)
4	イソロイシン：I	14	チロシン：Y
5	フェニルアラニン：F	15	ヒスチジン：H
6	プロリン：P	16	システイン：C
7	メチオニン：M	17	アスパラギン：N
8	アスパラギン酸：D	18	グルタミン：Q
9	グルタミン酸：E	19	トリプトファン：W
10	リシン：K	20	グリシン：G

（各アミノ酸名の末尾に示したアルファベットは、表示する場合の記号である）

飽和脂肪酸および不飽和脂肪酸

炭素数	慣用名	IUPAC名	化学式
1	ギ酸	メタン酸	$HCOOH$
2	酢酸	エタン酸	CH_3COOH
3	プロピオン酸	プロパン酸	CH_3CH_2COOH
4	酪酸	ブタン酸	$CH_3(CH_2)_2COOH$
5	吉草酸	ペンタン酸	$CH_3(CH_2)_3COOH$
6	カプロン酸	ヘキサン酸	$CH_3(CH_2)_4COOH$
7	エナント酸	ヘプタン酸	$CH_3(CH_2)_5COOH$
8	カプリル酸	オクタン酸	$CH_3(CH_2)_6COOH$
9	ペラルゴン酸	ノナン酸	$CH_3(CH_2)_7COOH$
10	カプリン酸	デカン酸	$CH_3(CH_2)_8COOH$
12	ラウリン酸	ドデカン酸	$CH_3(CH_2)_{10}COOH$
16	パルミチン酸	ヘキサデカン酸	$CH_3(CH_2)_{14}COOH$
18	ステアリン酸	オクタデカン酸	$CH_3(CH_2)_{16}COOH$
18	オレイン酸	C=C結合1個	$C_{18}H_{34}O_2$
18	リノール酸	C=C結合2個	$C_{18}H_{32}O_2$
18	リノレン酸	C=C結合3個	$C_{18}H_{30}O_2$

含硫アミノ酸の分解物

分解

含硫アミノ酸(アミノ酸)

・システイン
$H\underline{S}-CH_2-CH(NH_2)-COOH$
(イオウ)

・メチオニン
$CH_3-\underline{S}-(CH_2)_2-CH(NH_2)-COOH$
(イオウ)

細菌による
含硫アミノ酸の分解物

- ●硫化水素、メチルメルカプタン、硫化メチル、二硫化メチル
- ●アンモニア
- ●短鎖脂肪酸（酢酸、プロピオン酸、酪酸）

細菌とカビの生存条件

細菌	温度、水分(湿度)、栄養(餌)
カビ	温度、水分(湿度)、栄養(餌)、空気(酸素)

22 においはくっつき、透り抜ける

におい物質の吸着、収着、透過

においの除去方法には、物理的方法として吸着法があります。吸着法に使用される材料は、炭や活性炭などです。吸着という言葉と同様に使用されるのが吸収、収着です。

固形物質の表面に、におい分子が留まっている状態が吸着です。髪の毛や服ににおいが付くことは、におい分子が吸着していることです。凹凸のない真っ平らな表面だと、吸着したにおい分子はいとも簡単に離れてしまいます。一方、表面に微細構造を作ったのが活性炭です。この場合、吸着したにおい分子はなかなか離れません。これは脱臭という現象です(38項参照)。

次は収着です。収着とは、におい分子が固体物質の中に吸収されている状態を言います。活性炭の微細孔への吸着は収着とは言いません。収着という現象は、プラスチック材料への分子レベルでの移行に使われます。

上図に吸着・収着の状態を示します。左側からにおい分子が接近し、樹脂表面に分子が付着した状態が吸着です。次の段階で、付着した分子の一部が、樹脂を構成している高分子鎖の隙間に入り込んでいく現象が収着です。

下図のように樹脂層が薄ければ、におい分子は隙間をすり抜けて反対側に飛び出します。この現象が透過です。樹脂層が厚ければ、透過するのに時間を要します。

プラスチックの種類によってにおい分子を透過する場合と、透過しない場合があります(30項参照)。要因は構成している高分子同士の隙間がどうなっているかです。他の要因としては、におい分子と構成する高分子との親和性も重要になります。さらに、高分子同士の絡まり状態で、樹脂部分ににおい分子が通過できるチャネル(隙間)ができているかどうかも重要です。

- ●吸着とは、樹脂表面に分子が付着した状態
- ●収着とは、樹脂を構成している高分子鎖の隙間に入り込んでいく現象

においの付着・浸透・透過

除去法	現象の説明
吸着	物理吸着と化学吸着がある 気体または液体と接触し、含まれる物質を固体表面に保持（固定）する
吸収	水、溶剤（精油）などに、におい物質が溶解する
収着	プラスチック素材などへ におい物質の移行・溶け込み（拡散）がおこる

吸着と収着の違い

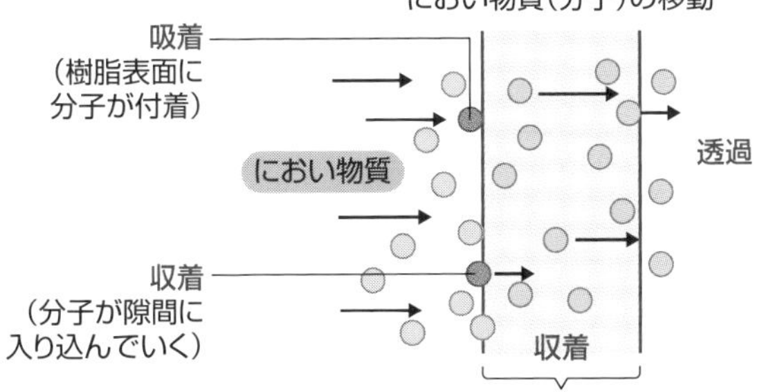

透過（樹脂の厚さによる違い）

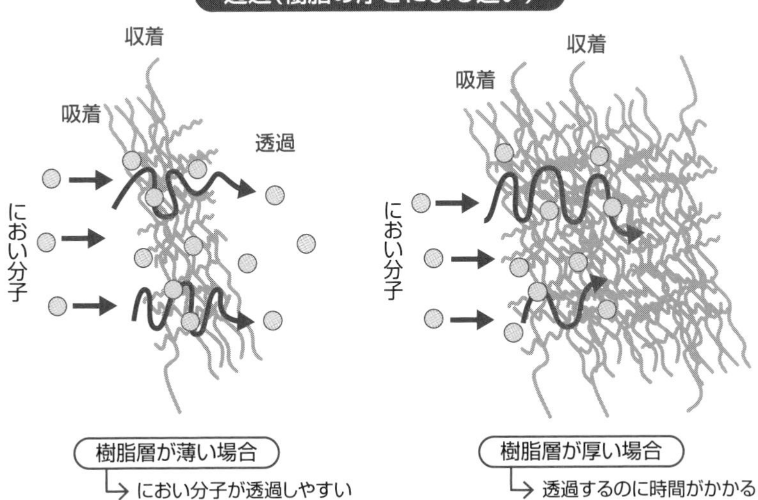

23 雨のにおいは何のにおい?

「今にも雨が降り出しそうな時や雨の降り始めにフワッと漂ってくるにおい」、「雨上がりに日が差して、水蒸気がモワッと漂ってくる時のにおい」は、誰もが経験しているにおいの1つではないでしょうか。これらは古くから「雨のにおい」と一括りで表現されています。雨のにおいは「ペトリコール」と言われています。ペトリコールとは、ギリシャ語の造語で「石のエッセンス」とも呼ばれ、「雨が降った時に、地面から上がってくるにおいを指す言葉」とされています。

1964年オーストラリア連邦化学産業研究機構の鉱物学者、ベア氏とトーマス氏がネイチァー誌に投稿した論文中にペトリコールという名前が記述されており、そこから一般に広がったようです。そのため、あたかもペトリコールという物質が存在するかのように思われがちですが、実際には存在しません。

土壌の中には多くの微生物が生存し、そこには細菌類に属する放線菌が多く存在しています。細菌も餌(栄養:たんぱく質など)を食べなければなりません。食べた後で役に立たない物ができれば、それらを体外に放出します(代謝)。放線菌から放出される物質の1つに「ゲオスミン」という化学物質があり、カビのようなにおいがします。土壌にこのようなにおい物質が存在するのに普段はにおわず、なぜ雨の降り始めに急ににおうのでしょうか。それは雨が降ると雨粒が地面に叩きつけられ、衝撃で微細な水滴になり(エアロゾル)、土の表面層に存在するさまざまな物質を空中に巻き上げ、ゲオスミンも一緒にエアロゾルとなり空気中に弾き出されるからです。

ところで、川魚を食べた時に、「カビ臭い」と感じた経験はないでしょうか。これは魚が住んでいた水環境中に存在していたゲオスミンが特に内臓部位に残存したことに由来します。そのような経験を持っている人は、雨の降り始めに魚臭いと感じる場合があるわけです。

要点BOX
- ●雨のにおいは微生物の働きにより作られている
- ●カビ臭い、魚臭いと感じるのはゲオスミンというにおい物質が原因

雨のにおい(ペトリコール)

雨が降るとにおう理由

地面や舗装に雨が叩きつけられて、その衝撃で水滴やほこりが舞い上がる(エアロゾルが発生)

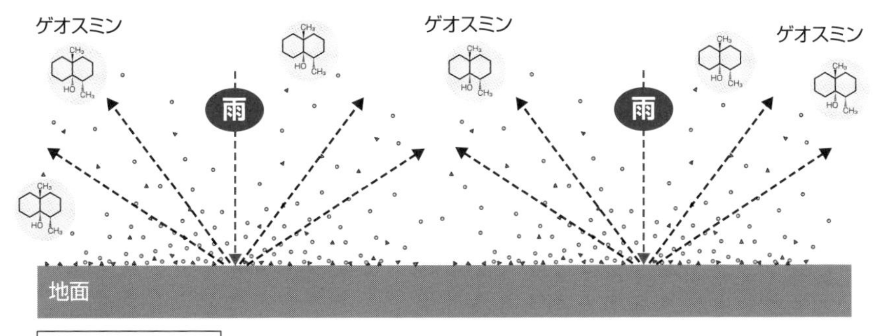

気体中に浮遊する微小な液体または個体の粒子と
周囲の気体の混合体をエアロゾルという

24 人の体臭もさまざま

身体の部位でもにおいが違う

人の身体からはさまざまなにおいが発生します。それらはまとめて「体臭」と呼ばれていますが、「体臭」でまず想像するのは、腋や胸を中心としたにおいかもしれません。その他に、頭や足の裏なども気になるにおいの発生部位でしょう。これらのにおいの原因には、皮膚表面にある汗腺が関係しています。

人の汗腺には、エクリン腺、アポクリン腺、そして、皮脂腺があり、それぞれ特徴が異なります。汗腺から放出される汗の原因は、温熱性、精神性、味覚性などに分類されます。

エクリン腺は、手のひら、足の裏、腋の下に最も多く、全身に分布しており、体温調節のために汗を分泌する役割（温熱性の発汗）があります。エクリン腺からの分泌物の大半は水分ですが、ナトリウム、カリウムなどの電解質、尿素、乳酸などの老廃物などが含まれています。汗をかいた直後はほとんどにおいませんが、徐々に皮膚常在菌の作用により、アンモニア、イソ吉草酸を中心とした短鎖脂肪酸類、ジアセチルなどのにおい物質が発生します。

人のアポクリン腺は腋の下など特定の部位にのみ分布しています。分泌物にはたんぱく質、脂質、アンモニア、揮発性ステロイドなどが含まれており、皮膚常在菌によって分解されると、嫌なにおいの原因になります。

皮脂腺は主に頭や首筋、胸や背中の中心、腋などに分布しており、分泌物には皮膚表面のバリア機能や乾燥防止のための役割があります。分泌物はトリグリセライドなどの脂肪分が主成分です。トリグリセライドにはほとんどにおいはありませんが、皮膚常在菌や酸化などの影響を受けて炭素数が小さい短鎖脂肪酸類、アルデヒド類、ケトン類などに分解され、これらがにおいの原因になります。

分泌物は年齢や食べ物、病気などによっても変化しますので、体臭も変化します。

要点BOX
- 体臭には皮膚表面にある汗腺、皮脂腺の分布部位と分泌物が関係
- 皮膚常在菌や酸化の作用が体臭を作る

各部位の汗腺・皮脂腺と体臭

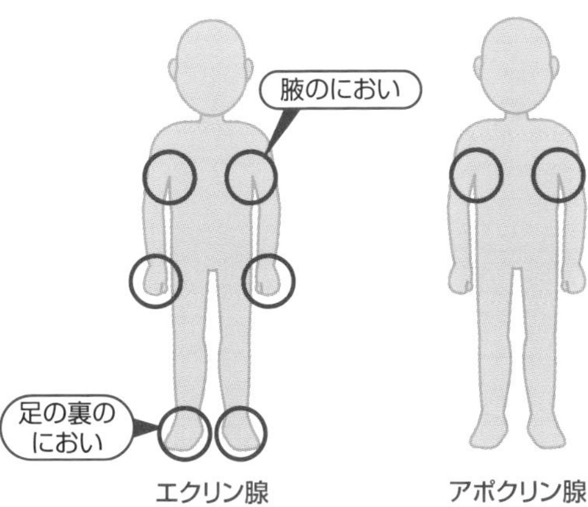

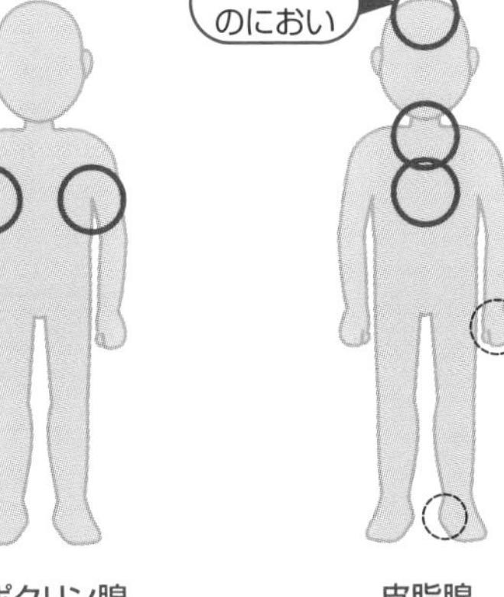

体臭の発生原因

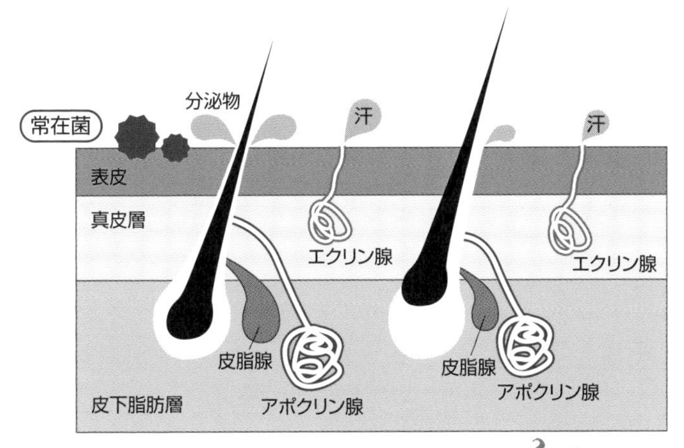

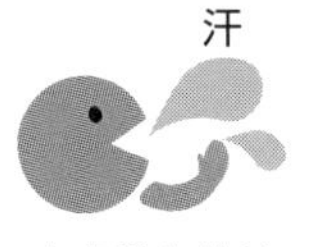

25 食品の異臭問題

外部からのにおいの侵入

食品のにおいはおいしさに大きく関わっています。本来の食品にはない異臭をオフフレーバーと言います。オフフレーバーは、健康に直接影響はないかもしれませんが、おいしさを損なうにおいになります。多くは、調理時や飲食時、食品を開封した時に感じられますが、原因は、製造から流通、販売、家庭での保管時までのさまざまな過程にあります。食品の酸化や微生物の活動によるにおいの発生、香料の配合の不具合や加熱の過不足によるにおい成分の不均衡、消毒薬の噴霧過多、他の原料などの混入、食品用梱包材料やインクのにおいの影響、保管時のにおい移りなどが上げられます。

この中で、家庭で起こる食品異臭を防ぐために気を付けたいのが、保管時のにおい移りです。家庭で一定期間保管することが多いお米の袋には空気抜きのための小さな穴が開いていることがあり、購入時の袋のままで他のにおいの強い食品と一緒に保管すると、におい移りのしやすい状態にあります。

食品の保管用の袋に使われていることが多いポリ袋(ポリエチレンの袋)は、口を縛り、袋表面に穴が開いていなくても比較的容易に、においを透過させてしまいます(30項参照)。例えば、冷蔵庫の中にはさまざまな食品や開封後の調味料が保管されますので、他の食品からにおい移りを受けやすい状態にあると言えます。牛乳パックは、牛乳が漏れ出さないようにポリエチレンフィルムで紙の両面をコーティングして作られていますが、牛乳パックをにおいが強い食品と一緒に冷蔵庫に入れておくと、未開封であってもその食品のにおいが牛乳に移ってしまうことがあるのです。

食品を保管する際に、空間内ににおいがこもっていたり、においが強い食品、台所用洗剤などと一緒に保管したりすると、オフフレーバーの原因となりますので注意が必要です。

要点BOX

- 食品のおいしさを損なうオフフレーバー
- におい物質の透過性、におい移りが食品異臭の原因の1つ

食品の流通過程とオフフレーバー

製造 → 販売 → 家庭

食品の酸化、微生物によるにおいの発生

保管時のにおい移り
- 食品用ラップ(ポリ塩化ビニリデン)
  においを透過しにくい
- 冷蔵庫、食料品庫での保管時に注意
- 台所用洗剤などと食品は別に保管

香料配合の不具合、加熱の過不足によるにおい成分の不均衡

他の原料等の混入

消毒薬の噴霧過多

食品用梱包材料やインクのにおいの影響

家庭で気を付けたいにおい移り対策

26 食生活の変化と体臭

スパイスの多用化、体臭の変化

近年の国際化の進展は目覚ましく、国際交流も盛んに行われています。これにより食の国際化も進み、海外の食文化を積極的に取り入れる傾向がみられ、肉類、油脂類、スパイス類（香辛料）などの世界の食材が日常的にもふんだんに使用されるようになりました。食の変化に伴って、日本人の体臭にも変化が生じていると言われています。特に、スパイス類を多く含む食品は、消化されて血液中に流れ込み、最終的には汗や呼気となって体臭や口臭に影響を与えています。

スパイスを多く含む食品の代表としてカレーがあります。カレーには、クミン、コリアンダー、ガーリック、クローブなどの芳香性のあるスパイスが多く含まれるため、それ自体にも特徴的な風味や刺激があります。特にクミンは腋のにおいに似た特徴があり、ガーリックは独特の刺激やにおいがあります。これらを口にすると、特徴的な口臭を発することは容易に想像できるでしょう。

カレーは日本人が食べる一般的な食べ物になっており、近年ではさまざまな風味や趣向を凝らした市販のカレーも増えています。また、個人でもスパイスに工夫を凝らしてより刺激的な風味に仕上げ、自分好みのカレー調理をする人も増えてきています。

スパイスの中に辛み成分が含まれていると、発汗が促進され、体臭のもととなる汗が大量に発生しますのでそのままにしておくと、体臭が強くなることがあります。また、脂質の多い肉類やジャンクフード類は、食べ過ぎると皮脂の分泌が活発になり、結果として体臭が強くなる傾向があります。

食べ物により、体臭が変化することがあるため、気になる時には、においのもとになりやすい食材の摂取を控え、脂質の酸化を防ぐ作用のあるポリフェノールやビタミンC、ビタミンEなどを摂取することが有効です。

要点BOX

- ●食べ物の変化がもたらす体臭の変化
- ●スパイス類は消化されて血液中に流れ込み、体臭や口臭のもとになる

スパイスにより日本人の体臭は変化した

体臭が強くなる原因とそれを抑える方法

大量に発生した汗をそのままにしておくと
体臭が強くなることがある

脂質の多い肉やジャンクフードを
食べ過ぎると体臭が強くなることがある

①においのもとになりやすい食材の摂取は控えめに
②脂質の酸化を防ぐポリフェノール、ビタミンC、ビタミンEを含んだ食材の摂取が有効

27 無臭ってあるの？

生活の中の無臭空間

「むしゅう」を漢字で表記すると、「無臭」となり、「においが無い」ということになります。言い換えると、におい物質が全く存在しない状態とも理解できます。人を対象としたさまざまな実験から、人がにおい物質の存在がわかる最低量が求められていますⅢ項参照)。この数値を検知閾値と言い、ppm（%という割合）で表されます。ppmは100万分の1と言われ、100分の1に対し、100万分の1になります。これまで永田らが求めたにおい物質の検知閾値は223例に及び、においに携わる人のバイブル的な存在になっています。これらの数値は、あくまでも決められた方法に則って、決められたパネル（嗅ぎ手）によって得られたもので、世界の万人に当てはまるものではありません。人種、年齢、性別でも大きく変わると思われます。

例えば、ある場所に出掛けた時、何かにおいを感じます。しかし、嗅ぎ続けると、間もなく、におっているはずのにおいを感じなくなります。その人にとっては無臭という状態ですが、生理学的には、におい分子は嗅覚受容体にキャッチされています。すなわち、脳まで、においの電気信号は伝わっていますが、脳ではにおうという現象を認識しない（否定）メカニズムが働いていることになります（慣れ）。さらに、嗅細胞の嗅繊毛中では、受容体にキャッチされたにおい分子が離れるまでのわずかな時間、受容体機能は停止します（順応）。そうして嗅細胞は初期化され、次のにおい分子がやってくるのを待つわけです（10項参照）。

日常生活における無臭は、個人が感じ取り判断するものです。におい分子が存在しない空間は100%あり得ません。たとえ、真空状態の宇宙空間でも、何らかのにおい分子の存在がわかってきています。

無臭の考え方としては、におい物質が検知閾値以下の量の場合、またにおい物質が存在しても、そこにいる人がにおいを認識しなければ無臭状態です。

要点BOX
- ●におい物質が存在していても検知閾値以下であれば無臭になる
- ●生活空間でにおい分子が存在しない空間はない

特定悪臭物質のにおい質と検知閾値

物質名	におい	検知閾値(ppm)
アンモニア	し尿のようなにおい	1.5
メチルメルカプタン	腐った玉ねぎのようなにおい	0.000070
硫化水素	腐った卵のようなにおい	0.00041
硫化メチル	腐ったキャベツのようなにおい	0.0030
二硫化メチル		0.0022
トリメチルアミン	腐った魚のようなにおい	0.000032
アセトアルデヒド	刺激的な青ぐさいにおい	0.0015
プロピオンアルデヒド	刺激的な甘酸っぱい焦げたにおい	0.0010
ノルマルブチルアルデヒド		0.00067
イソブチルアルデヒド		0.00035
ノルマルバレルアルデヒド	むせるような甘酸っぱい焦げたにおい	0.00041
イソバレルアルデヒド		0.00010
イソブタノール	刺激的な発酵したにおい	0.011
酢酸エチル	刺激的なシンナーのようなにおい	0.87
メチルイソブチルケトン		0.17
トルエン	ガソリンのようなにおい	0.33
スチレン	都市ガスのようなにおい	0.035
o- キシレン	ガソリンのようなにおい	0.38
m- キシレン		0.041
p- キシレン		0.058
プロピオン酸	刺激的な酸っぱいにおい	0.0057
ノルマル酪酸	汗くさいにおい	0.00019
ノルマル吉草酸	むれた靴下のようなにおい	0.000037
イソ吉草酸		0.000078

（注）検知閾値は永田らによる測定値（日本環境衛生センター所報、17.77-89.1990）

用語解説

検知閾値：人がにおいを感知できる最低濃度のこと。

Column

日本発のワサビのにおいが危険を知らせる

２００３年4月、ロシアの南部に位置するマハチカラ聾学校寄宿舎で火災が発生し、就寝中の生徒28名が逃げ遅れて命を失いました。

一般的な火災告知は非常ベルです。日本の集合住宅などではほとんどの場合、非常ベルを採用しており、火災により発生する煙や熱をいち早く感知して警報することは、聴覚情報に頼っているわけです。当時の寄宿舎にも非常ベルは備わっていたそうですが、生徒たちには届きませんでした。

日本でも聴覚障害者が多いことから、このニュースをきっかけに、独立行政法人消防研究所が中心となり民間会社と共同で聴覚障害の人に対してどのようにして火災を知らせるかという研究が行われました。

その時のアンケート調査によると、火災を不安に思う理由として①耳が聞こえないから、②就寝中に火事が起こってもサイレンが聞こえないから凄く不安、と回答した人が圧倒的に多かったのです。

それまでの火災の告知方法として、警報器の音と連動させ光や振動で伝える屋内信号装置がありましたが、これらには一長一短があり、気付かない場合が生じていました。光で知らせるタイプは睡眠中には誰も気付きません。また、振動するタイプは睡眠中に常時枕の下に入れたり、腕に巻いたりする必要があるので、うっとうしいという意見もあります。火災の告知で最も重要な点は、就寝中の聴覚障害の人を確実に覚醒させることです。

そこで、告知方法として着目されたのが嗅覚、においです。においとしては、ワサビの主成分であるアリルイシチオシアネートが、就寝者の覚醒に極めて効果的であることが見つかり、２００９年には、商品化されました。火災警報器が作動した時に電気信号がこの臭気発生装置に送られ、スプレー缶に充填されたワサビのにおい成分が室内に噴霧されて火災の発生を知らせる仕組みになっています。

ワサビの刺激臭による警報は、睡眠中の聴覚障害者も気付きやすく、危険を伝える情報伝達に有効であり、臭気発生装置が壁に設置するタイプで、これまでのものよりは使いやすいようです。日本発のワサビのにおいが火災報知器として危険を知らせることに役立っています。

第3章 身近なモノでの悪臭対処法

28 においの対策の種類

室内のにおい対策もさまざま

室内で嫌なにおいを感じた時、どのような対策を行っていますか。消臭スプレーや芳香剤を使ったり、窓を開けたり、においの発生源を袋へ入れて封じ込めたり、さまざまな方法が思い浮かぶと思います。

におい対策として消臭、脱臭という言葉がよく用いられますが、両者のメカニズムは異なります（31項参照）。消臭は、中和反応や酸化還元反応などの化学的方法によって悪臭の強さや不快感を軽減することです。一方、脱臭は、活性炭などの多孔質物質の吸着、液中に溶け込む吸収などを利用して物理的に悪臭を取り除くことです。また、かおりを利用して、感覚的に悪臭の強さや不快感を軽減する方法（感覚的消臭）もよく用いられます（33項参照）。

細菌が悪臭発生原因の1つであるため、温湿度をコントロールして細菌の働きを抑制したり、あらかじめにおいの発生源となるものに、殺菌効果のある薬剤を噴霧し、においの発生を防いだりする方法もあります。一方で、逆に微生物の働きを利用してにおいを無臭物質に変えたりする方法も用いられています。これらのメカニズムを用いたモノは、商品化され、販売されています（36、37項参照）。

室内のあらゆるにおいに適用できる対策として換気があります（34項参照）。換気は、室内に広がったにおいを屋外へ排出し、屋外から新鮮な空気を取り入れる方法です。しかし、固定発生源からの強いにおいは室内全体へ広がってしまうと、多量の換気が必要となり、対策が難しくなりますので、発生源付近で局所的に排気をするのが効率的です。

においの発生源がわかれば、その場所で消臭や局所的な換気、限られた空間であればその空間を脱臭、室内へ広がった場合には換気、換気をしてもにおいが気になる場合にはかおりを用いた対策といったように、それぞれを使い分けることで対策はより効果的なものとなります。

要点BOX

- ●消臭、脱臭のメカニズムは異なっている
- ●固定発生源では、局所換気が効率的
- ●各においに相応しい対策で効果的に低減除去

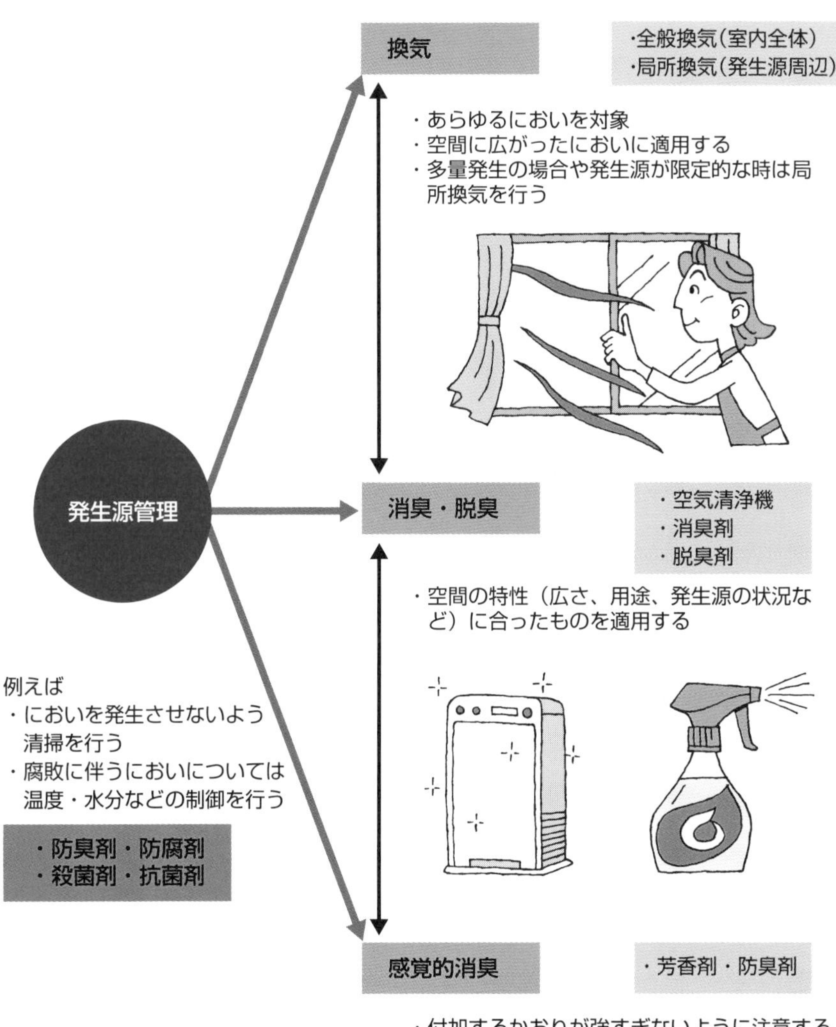
室内のにおい対策
換気
・全般換気（室内全体）
・局所換気（発生源周辺）
・あらゆるにおいを対象
・空間に広がったにおいに適用する
・多量発生の場合や発生源が限定的な時は局所換気を行う
発生源管理
消臭・脱臭
・空気清浄機
・消臭剤
・脱臭剤
・空間の特性（広さ、用途、発生源の状況など）に合ったものを適用する
例えば
・においを発生させないよう清掃を行う
・腐敗に伴うにおいについては温度・水分などの制御を行う
・防臭剤・防腐剤
・殺菌剤・抗菌剤
感覚的消臭
・芳香剤・防臭剤
・付加するかおりが強すぎないように注意する

29 防臭という考え方

菌のコントロールは適切に

日常生活で、嫌なにおいが発生する1つの要因は細菌（バクテリア）やカビの営みによるものです。細菌、カビも生物ですから、生きていくために餌を食べます。摂食すれば必ず排泄しなければなりません。それらが嫌なにおいのもとになるわけです。

地球が誕生して、初めて現れた生命体は、細菌やウイルスなどの単細胞生物と言われています。これらは細胞の中に核を持たない原核生物として、分類され、今でも、種を絶やさずに1本の系統図として継続されています。細菌類は動植物を問わず、地球上すべての生命体の先祖であるわけです。本来なら畏敬の念を持つべきかもしれませんが、私たちは排除したい生物として、殺菌・抗菌・除菌・滅菌という行動を取ることが多々あります。

細菌には、食べ物を腐敗させ不快なにおいを作り出し、皮膚表面で皮脂分を酸化分解し、独特な体臭を発生させるという負の印象があります。身の回りにいる細菌類は、酸素の有無によって生存環境が分かれており、好気性細菌と嫌気性細菌の2種類に分類されます。

細菌が生きるための条件は、①温度、②水分（湿度）、③栄養（餌）が絶対条件で、カビの場合はさらに④空気（酸素）が必要になります。

お菓子の保存のために袋の中に「脱酸素剤」が入っています。目的は袋内の酸素除去で、カビの繁殖や中身の酸化防止はできますが、嫌気性細菌類の抑え込みはできません。そこで考えられたのが、アルコール揮散剤です。アルコール（エタノール）は、細菌・カビの増幅を抑制します。細菌・カビ類の増殖を薬剤によって抑止し、悪臭の発生を防止することを、防臭と呼ぶ場合があります。また、細菌の働きを抑制するためには、①〜③の条件の1つをなくせば、においの発生は劇的に改善されます。このような対策も防臭という考え方です。

要点BOX
- 嫌なにおいは細菌、カビの排泄物
- 悪臭の発生を防止する防臭対策
- 防臭には細菌の餌、温湿度をコントロール

身の回りの細菌類

好気性細菌

●生育（増殖）のために酸素を必要とする好気呼吸という代謝系⇨有機物を分解

代謝物は、主に酸化物です

嫌気性細菌

●通性嫌気性菌：酸素存在下でも生育可能、好気呼吸を行う

●偏性嫌気性菌：空気（大気）レベル濃度の酸素存在下で死滅

代謝物は、主に非酸化物で不快臭が多くなります

好気性細菌の働き

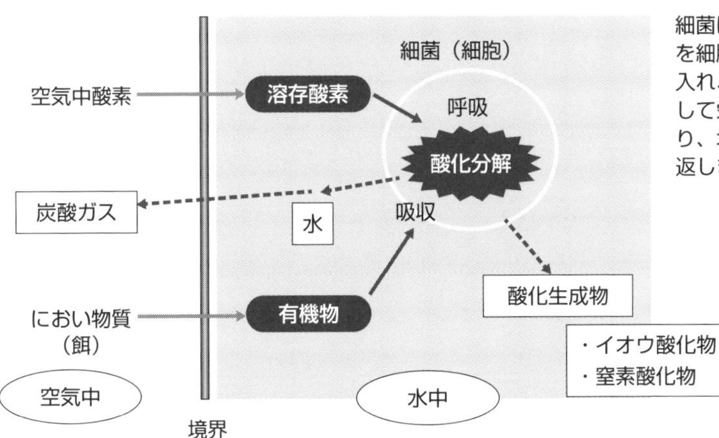

細菌は酸素と餌を細胞内に取り入れ、酸化分解して栄養素を作り、増殖を繰り返します

脱酸素剤およびアルコール揮散剤

脱酸素剤
（細菌の増殖抑制）

アルコール揮散剤
（細菌およびカビの増殖抑制）

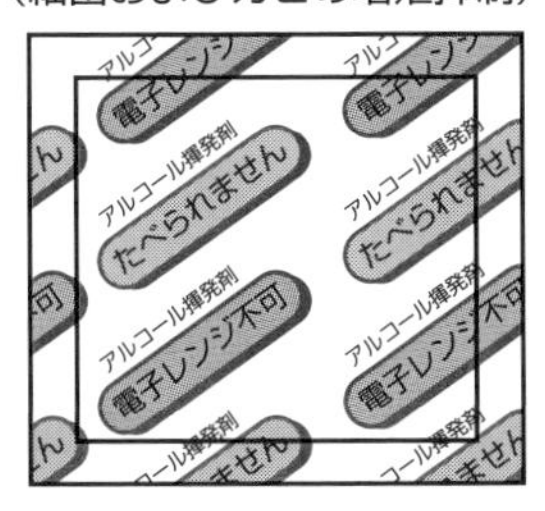

エタノールを揮散させてカビを防ぐ食品の品質保持剤

30 袋ににおいを閉じ込めることはできるのか

袋のバリア性

スーパーのお菓子売り場の陳列棚の前で、「おかき」の醤油のにおいはしますか。野菜売り場にある「ねぎ」や「ニラ」のにおいがわかりますか。漬物売り場で「沢庵」や「キムチ」のにおいはどうでしょうか。気を付けて、鼻を近づけてクンクンすれば感じるかもしれません。でも、あれだけの商品が並んでいても、「くさい」と思うことはありません。なぜでしょうか。それは、包装材料（材質）が工夫され、商品のにおいが外部に漏れることを防いでいるからです。

食品の他からのにおい移りによる異臭問題で有名なのは、2008年に神奈川県でカップ麺を食べた女性が嘔吐し、舌がしびれたという訴えです。カップ麺を調べたところ防虫剤成分のパラジクロロベンゼンが検出されました。工場、配送段階を調べても防虫剤との接触は皆無で、販売店舗を調べた結果、カップ麺の傍に防虫剤があり、成分のパラジクロロベンゼンが容器内に入ったと結論づけられました。

食品の場合、その食品自体のにおいが周りに影響する場合と、周りのにおいを取り込んでしまう場合（オフフレーバー）があります。いずれも防止には、包装の工夫が必要で、特に、バリア性の高い包装材料を使用することが重要です。

包装材には必ず、何から出来ているのかが表示されています。私たちの身の回りで、最も一般的なプラスチックはポリエチレン製（PE）で、その材質を用いた代表的な袋はレジ袋やスーパーにあるロール巻きの袋で水漏れ防止を主目的としたものです。

食材や調理品の保存、食材の廃棄などで使用する容器や袋、フィルムなどは、においのバリア性に注意をしなければなりません。例えば、ポリプロピレン（PP）製の容器や袋類（市販のお菓子袋など）はにおい分子を透過しにくいため、においのバリア性の観点からは食材や廃棄する生ごみや紙おむつなどの一時保存に適しています。

要点BOX
- ●ポリエチレン製はにおいの封じ込めは不得意
- ●ポリプロピレン製はにおい分子を透過しにくい

においの移りが起こりやすい状況

カップ麺の陳列は
要注意!!

包装材に使われる樹脂

記号	樹脂名	備考(別呼称)
EVOH	エチレン・ビニルアルコール樹脂	
PA	ポリアミド	ナイロン
PE	ポリエチレン	
PET	ポリエチレンテレフタレート	ペット
PP	ポリプロピレン	
PS	ポリスチレン	発泡スチロール
PVC	ポリ塩化ビニル	塩ビ
PVDC	ポリ塩化ビニリデン	サラン、クレラップ
PC	ポリカーボネイト	

PP

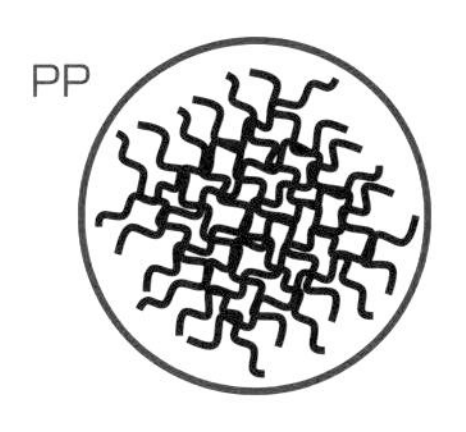

におい分子が
通りにくい
(においが移りにくい)

PE

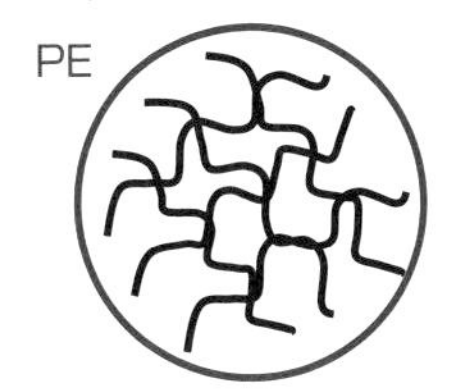

におい分子が
通りやすい
(においが移りやすい)

31 におい対策の消臭と脱臭の違い

化学的方法と物理的方法

代表的な悪臭除去法として、化学的方法と物理的方法の2つがあげられます。消臭とは、におい物質と他の物質を化学反応させ、無臭または元のにおい物質よりもにおいのレベルの低い物質に変化させ、環境中の悪臭を軽減する方法で、化学的方法と呼ばれます。脱臭とは、におい物質の構造を変化させずに、他の固体物質表面に固定化し、環境中の悪臭を軽減する方法で、物理的方法と呼ばれます。

まず、化学的方法を説明します。代表的な化学反応としては、中和反応、酸化反応、還元反応、縮合反応（細胞中でのたんぱく質の合成が該当）などがあげられます。中でも、酸性物質とアルカリ性物質が反応し、無臭物質に変化する中和反応は重要です。代表的な中和反応として、塩化水素（酸性）と水酸化ナトリウム（アルカリ性）の反応があげられます。生成物は無臭の塩化ナトリウム（塩：中性）と水です。この基本的な反応メカニズムが、消臭対策において極めて重要です。

一般的ににおい物質は、大きく酸性物質、中性物質、アルカリ性物質に分類されており、前述の中和反応の理論が適用できるのです。例えば、鼻にツンとくるアンモニア臭（夏場の公衆トイレなどで感じるにおい）は、塩化水素（水溶液は塩酸）や酢酸（食用のお酢）、クエン酸（水溶液として使用）などで無臭にできます。一例としてアンモニアと酢酸の中和反応を左ページに示しています。

次に、物理的方法を説明します。におい物質が固体表面に固定化（付着）されることを吸着と言い、内部にまで入り込むことを収着と言います（22項参照）。臭気物質が凹凸のない真っ平な固体表面に吸着しても、すぐに離れます。そこで、固体表面を意図的に荒らし、微細な表面（細孔）を人工的に作ったものが活性炭で、細孔に到達したにおい物質は離れ難くなります。また、燃料としての炭も吸着能力があります。

要点BOX

- ●中和反応では酸性物質とアルカリ性物質が反応して無臭物質に変化
- ●固体表面に物質が固定化される吸着

消臭と脱臭の違い

消臭　におい物質と他の物質を化学反応させ、無臭もしくはにおいのレベルの低い物質に変化させる（化学的方法）

脱臭　におい物質の構造を変化させずに、吸着で環境中のにおい物質を減らす（物理的方法）

消臭（化学的ににおいを取り除く）

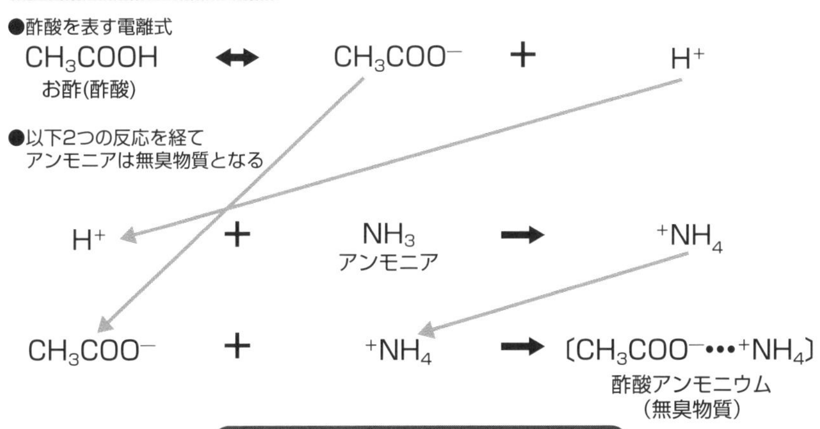

脱臭（物理的ににおいを取り除く）

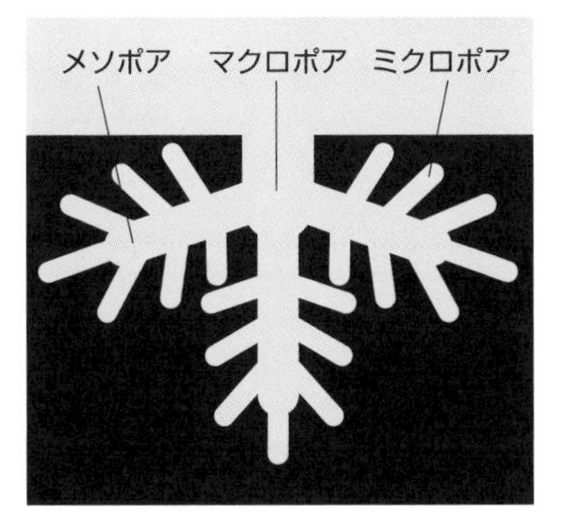

におい物質が吸着されている状態

マクロポア
　におい物質が出たり入ったりしている

メソポアまたはトラジショナルポア
　におい物質が出たり入ったりもするが、吸着もされる

ミクロポア
　におい物質は出入りせずに、ほぼ吸着が維持される

32 酸化反応を用いたにおい対策

燃焼法、オゾン法、光触媒法

消臭の基本的な方法に酸化反応があります。酸化反応が進行すると全ての物質は酸化物となって安定化します。有機化合物（におい物質）の最終的な酸化物は、二酸化炭素、水、窒素酸化物、硫黄酸化物などで、これらの物質はほぼ無臭とされていますが、窒素酸化物および硫黄酸化物は一部に刺激臭や、独特の焦げ臭を有する場合があります。ここでは、産業分野でのにおい対策に利用される①燃焼法（家庭用、業務用として利用）、②オゾン法、③光触媒法について説明します。

燃焼法は工場からの排ガス処理法として、LNG（液化天然ガス）などの燃料を使い、におい物質を燃やすことです。燃焼温度は650℃～800℃で管理され、直焔法、蓄熱法、触媒法などがありますが、二酸化炭素の排出問題を抱えています。家庭用の代表例として、ガスコンロのグリル内の排気付近にバーナーを設置し、燃焼脱臭による対策が取られているものもあります。

オゾンは地球にとって極めて重要な物質です。その反面、生物にとっては濃度によって死活問題になります。オゾンはオゾン層として地球全体を包み込んでいます。太陽から降り注ぐ強烈な紫外線を防御し、地球上の生物を護っています。オゾンは人工的に作ることができ、一般的に放電方式と紫外線方式があり、どちらも空気中の酸素を酸化することでオゾンを発生させます。反応メカニズムはオゾンから発生する活性酸素（O·）による酸化反応です。

本多健一氏と藤島昭夫氏らは、1967年に酸化チタン表面に太陽光（380㎚以下の紫外線）を当てると、水が分解されて酸素と水素が発生することを見出しました。これが光触媒の発見です。光触媒は酸化チタン表面で酸化還元反応が生起するという現象で、日本発祥の触媒技術です。

要点BOX
- ●酸化反応が進行するとほぼ無臭の酸化物となる
- ●臭気対策に利用される酸化反応には燃焼法、オゾン法、光触媒法などがある

オゾンの人体への影響

濃度	影響
0.01～0.02 ppm	わずかににおいを感じる
0.1 ppm	においを感じ、鼻、咽喉、目に刺激
0.2～0.5 ppm	3～6時間曝露で視覚低下、上部気道に刺激
1～2 ppm	2時間曝露で頭痛、胸部痛、咳、反復で慢性中毒になる
5～10 ppm	脈拍増加、体痛、麻酔症状、反復で肺水腫を招く
15～20 ppm	小動物は2時間以内に死亡
50 ppm	人は1時間で生命が危険

地球上のオゾン層

50km

成層圏　オゾン圏

飛行機の高度

10km

対流圏

地上

オゾン(O_3)は、空気中でO_2(酸素)と活性酸素(O・)に分解し、活性酸素同士が結合し酸素に戻る性質があります。

O_3 ⇨ O_2＋ O・

O・＋ O・⇨ O_2

光触媒の活性機構

・酸化チタンには、アナターゼ型、ルチル型、ブルッカイト型が存在
⇨アナターゼ型が利用される

⇨約３８０ｎm以下の短波長の紫外光を吸収→ 吸入し、正孔（h^+）と電子（e^-）が発生する

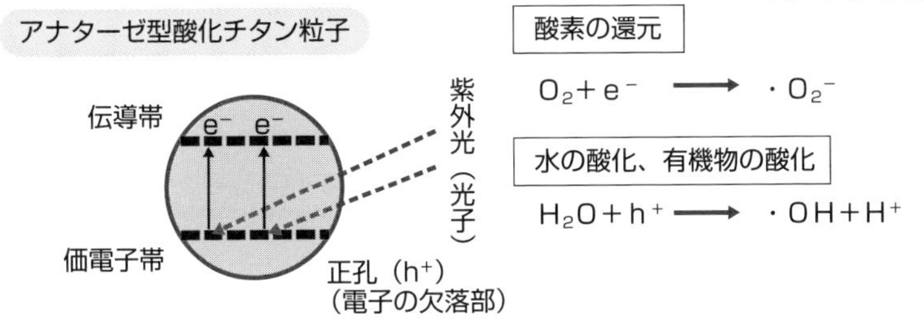

33 かおりのちからで悪臭対策

感覚的消臭法

消臭、脱臭と並んでよく用いられるにおい対策の手法に感覚的消臭があります。これは、かおりを適用して悪臭を感覚的に軽減させる方法で、におい物質自体を化学反応で変化させる方法や吸着などにより除去する方法とは異なります。感覚的消臭とは、嗅覚受容体がキャッチするにおい物質の数や種類を変えることで、においの強弱や質の変化を起こさせる方法です。

芳香剤は、この考え方を用いたもので、悪臭より強いかおりや他の物質を添加して、悪臭を感じなくさせる隠ぺい法（マスキング法）が主に用いられてきました。しかし添加するかおりが強すぎて、より不快になることがあるのが課題でした。

最近では、悪臭を1つのにおい物質として捉え、悪臭に複数の香料を混ぜ合わせることで、新しいかおりとして感じられるようにする変調法がよく用いられています。まさに香水の調香に基づく考え方と言えます。香水は複数の香料を混ぜ合わせて作られていますが、構成する香料1つ1つを嗅ぐとすべてが良いかおりがするというわけではありません。例えば、ジャスミンの花のかおりには、糞便臭とも言われるインドールが少量含有されており、ジャスミン様のかおりの調合にはインドールは欠かせません。ある香料だけを嗅ぐと嫌なにおいに感じられても、他のさまざまな香料と混ざり合って素敵なかおりに変化します。空間の嫌なにおいと芳香剤のにおいが混ざり合うと、その空間が素敵なかおりになるように考えて、芳香剤自体のにおいが作られています。

また、悪臭に対して、あるにおい物質を作用させた時に感じられるにおいが、元の悪臭の強さに比べて低下する中和法もあります。これは、物質自体が無臭物質などに変化する化学反応による中和とは異なるもので、やはり嗅覚の仕組みを利用した手法なのです。

要点BOX
- ●悪臭に、より強いかおりを付加するマスキング法
- ●悪臭と複数の香料と調合する変調法
- ●芳香剤による対策にも、嗅覚の仕組みを利用

インドールとスカトールの特徴

Indole （インドール）	ジャスミン、オレンジフラワーなどの花の精油に含まれる 強い糞臭をもつ 希釈していくに従いフローラル様になる 普通は10%～1%の溶液で調香に用いられる フローラル調の香水などには重要な香料
Skatole （スカトール）	インドールよりもさらに強烈な糞臭をもつ 普通は0.1%溶液で調香に用いられる

感覚的方法の分類

悪臭より強いにおい（かおり）を作用させて悪臭を感じさせなくする

悪臭ににおい成分を作用させ、元の悪臭より、強さや不快さを改善させる

悪臭

変調法

におい成分
B

新たなにおいに感じさせる

におい成分 A
におい成分 B
悪臭
におい成分 C

34 換気による においの対策

空気の通り道をどう作るか

　室内のにおいが気になった時の対策の1つに風などの自然の力や、機械の力によって室内の空気と外気を入れ換える「換気」があります。しかし、正しい換気が行われていないと、換気をしているつもりでも、室内ににおいがこもったままで改善されません。

　窓を開けて換気をする時には、空気の通り道を意識しましょう。窓は1か所よりも2か所同時に開けるほうがよく、対角線上にある離れた2か所を開けるのが、最も効率的です。近い2か所では、においが排気されない場所ができることがあります。また、においの発生源が風上にあると、室内中ににおいが広がることになりますので、風の向きと発生源、人の居場所の位置関係を考慮することが大切です。

　2003年7月以降に建てられた住宅には、シックハウス症候群の予防として、24時間機械換気システムが設置されています。この換気は、住宅全体の空気を清浄な状態に保とうとするシステム（全般換気）です。キッチン、浴室、トイレのように、においや水蒸気などが多量に発生する場所では、その場所から直接排気する局所換気と併用されるのが一般的です。局所換気の代表例のキッチンのレンジフードは常時換気の10～20倍の排気量で、空気を排出しようとする力が大きいため、作動させた時に、玄関のドアや部屋の窓が開きにくくなることがあります。このような状態の時には室内へ入る空気量が少なく、正しく換気できていないと考えられます。

　換気は、空気の入口と出口を確保し、空気の通り道を作ることが大切です。給気口が、カーテンや家具などでふさがっていたり、フィルターにほこりがたまっていたりすると、十分な空気が入ってくることができず、換気設備を作動させてもほとんど排気されません。換気設備（排気ファン）だけでなく、空気の入口側の点検も大切です。

要点BOX

- 対角線上の離れた2か所を開けるのが効率的
- 多量のにおいの発生場所では、局所換気も併用
- 有効な換気には、空気の入口と出口の確保が大切

室内のにおいを排気するための２つの窓の開け方

空気の通り道（入口と出口の位置）を考えよう

においの発生源	人がいる場所	悪臭（においがたまっている状態）

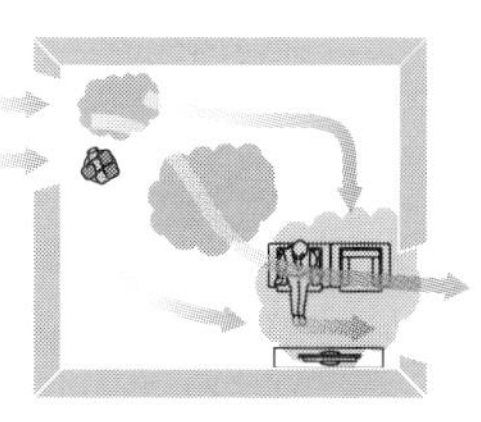

対角線上の窓を開けても、においの発生源が空気の入口近くにあると、室内全体ににおいが広がる

２つの窓を開けても、においが排気されない場所ができやすい

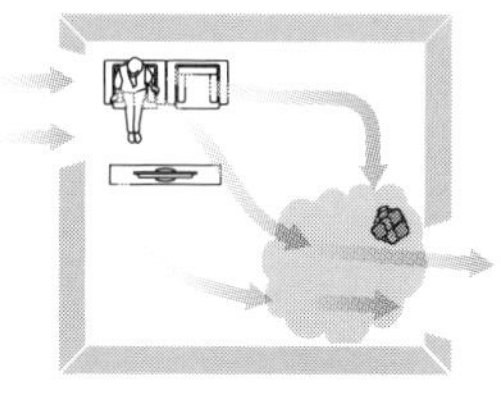

人のいる場所の近くで新鮮な外気を取り込み、においの発生源が空気の出口近くにあり、室内ににおいだまりができにくい

局所換気

給気口（空気の入り口）が家具などでふさがれていると、空気が入ってこないため、換気設備（排気ファン）を作動させても排気が行われない。空気の入口の点検も大切！

35 窓がない部屋の換気法

サーキュレーターを使って上手に換気

窓を開けて換気を行う場合には、空気の入口と出口となるように窓やドアの2か所を同時に開けるのが効率的ですが、場所によっては、窓がなかったり、1か所しか開けられなかったりすることがあります。このような時には、サーキュレーターや扇風機を使用して換気を行いましょう。

サーキュレーターは、扇風機のように直接、人体に風を当てて涼を得ることを目的としたものではなく、真っ直ぐな強い風を発生させ、より遠くまで届く風が作れます。空気を循環させることに特化し、エアコンなどの冷風や温風を部屋全体に行き渡らせることを目的としたものです。窓開けによる換気のしにくい室内での換気にも効果が期待できます。

窓が1つしかない部屋では、サーキュレーターや扇風機で、室内のにおいや汚れた空気を外へ出すようにしましょう。部屋のドアと窓を開けて、窓の近くにサーキュレーターなどを外に向けて置いて作動させると、室内の空気が引き寄せられて排出されます。窓がない部屋では、部屋の中のドア付近に、ドアを開けた状態で部屋の外向きにサーキュレーターなどを置いて作動させます。この時、建物全体の空気の出口がどこにあるかを確認し、建物内の別の場所に、においがたまらないよう空気の流れを作ることが大切です。

部屋の開口部が1か所しかない場合でも、サーキュレーターなどが2台あると、より効率的な換気が行えます。1台を部屋への清浄な空気の取入れ用、もう1台を部屋のにおいの排出用として、高さを変えて設置します。同じ高さに給気用と排気用を設置すると、入ってくる空気と出ていく空気がぶつかり合い、効率的な換気ができません。また、首振り機能は、空気をかき混ぜることになり、単純な空気の通り道が作れないため、換気目的では首振り機能は使用しないようにしましょう。

要点BOX

- ●外向きにサーキュレーターを排気用に作動
- ●部屋から排出したにおいが建物の別の場所にたまらないよう空気の流れを確認

サーキュレーターや扇風機を使って上手に換気

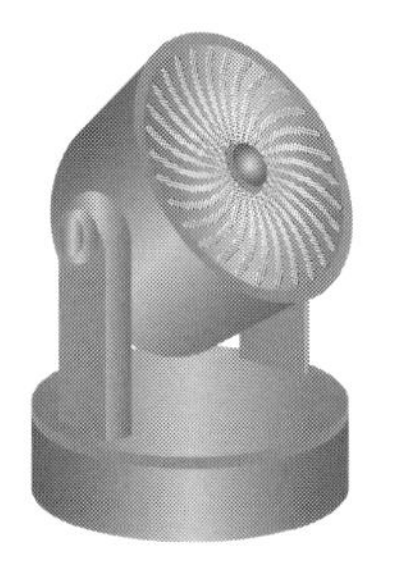

家庭用のサーキュレーター

扇風機

サーキュレーターや扇風機の効率的な使い方

窓1つ・ドア1か所の時

空気の出口になる窓の近くに、外に向けてサーキュレーターや扇風機を置いて作動させる。

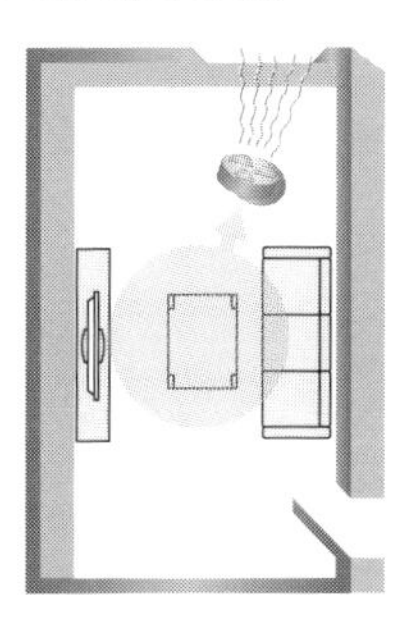

窓がない時

窓がない部屋のドア付近に、部屋の空気が出ていくようにドアを開けて外向きにサーキュレーターや扇風機を置いて作動させる。その際、住宅全体からの空気の出口を意識して、空気の流れを作る。

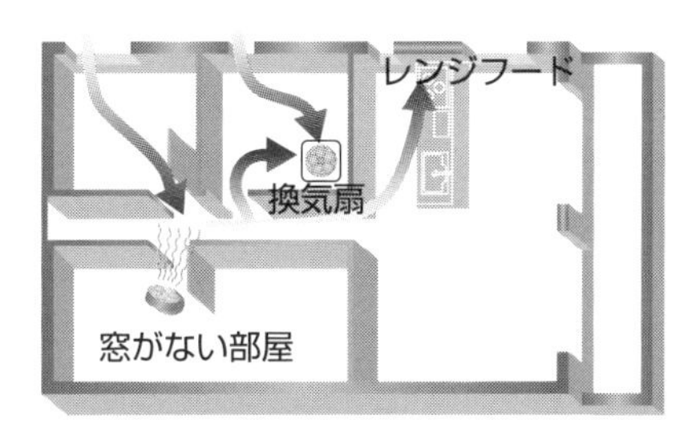

1か所しか開口部（窓やドア）がない時

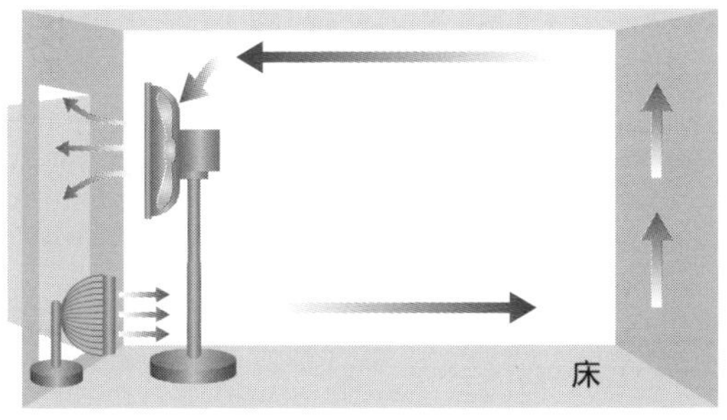

(1)サーキュレーター、扇風機を2台使用すると（2台ともサーキュレーター、2台とも扇風機でも構わない）、空気の取入れと排出ができて、より効率的
(2)給気側と排気側の高さを変える
(3)首振り機能を使用すると、空気の道が作れないため、首振り機能は使用しない

36 消臭剤、脱臭剤、芳香剤の上手な使い方

悪臭低減メカニズムと対策製品

悪臭の低減・除去のメカニズムは、「化学的方法」「物理的方法」「生物的方法」「感覚的方法」の4種類に分けられます。市販されている「消臭剤」「脱臭剤」「芳香剤」「防臭剤」は、これらのメカニズムを活用したものです。室内のにおい対策として、どのように消臭剤、脱臭剤、芳香剤などを使用すればよいのでしょうか。それぞれの特徴を整理しておきましょう。

消臭剤は、中和反応、付加反応、酸化還元反応などの各種化学反応を利用して、悪臭を無臭、またはにおいがより軽減された物質に変換する製品です。中には、生物的方法を利用して細菌の働きで有機物（におい物質）を分解し無臭物質に変換する製品もあります。消臭剤は、対象の悪臭に成分が触れなければ反応が起こらないため、においの発生源を見つけ、直接、働きかけるのが効果的です。

脱臭剤は、多孔質物質や溶剤などによる吸着、吸収、溶解、被覆作用などを利用して、物理的に悪臭を除去・緩和する製品です。脱臭剤は、におい物質を表面に固定化する必要があるので、におい物質を捉えやすい場所に設置するのが効果的です。

芳香剤は、香料や精油などの芳香作用、マスキング作用、中和作用などを利用して、感覚的に悪臭を軽減・緩和するものです。空間に漂っている悪臭に対しても適用することができます。ただし、対象の悪臭とかおりが効率良く混ざり合うように注意する必要があります。

防臭剤は、感覚的方法を利用して他の物質を添加して悪臭の発生や発散を防ぐものや、生物的方法による薬剤の防腐・殺菌・滅菌作用を使い、細菌による腐敗・分解作用を抑止して悪臭の発生を防止するものです。いずれもにおいの発生源に直接、働きかけるのが有効な使用方法です。最近では、複数の機能を併せ持った製品も誕生しており、特に、芳香・消臭剤が最も多く販売されています。

要点BOX

- ●消臭剤は臭気に成分が触れて反応が起こる
- ●脱臭剤はにおい物質を表面に固定化する
- ●芳香・消臭剤は複数の機能を組合せている

室内のにおい対策で使われる製品の違い

対策の原理	説　明	対応する製品分類（品名）	よく利用される芳香・消臭・脱臭・防臭成分
感覚的方法	空間に芳香を付与し、香料や精油などの芳香作用、マスキング作用、中和作用などを利用して、感覚的に悪臭を軽減・緩和	芳香剤	香料（天然、合成）、植物精油（植物抽出物）など
	他の物質を添加して悪臭の発生や発散を防止	防臭剤	エタノール、塩化ベンザルコニウム、次亜塩素酸ナトリウム、有機溶剤（パラフィン）　など
化学的方法	中和反応、付加反応および酸化還元反応などの各種化学反応を利用して、悪臭を無臭もしくは、よりにおいが軽減された物質に変換	消臭剤	植物抽出物、有機酸（クエン酸など）、界面活性剤、アミノ酸、安定化二酸化塩素、次亜塩素酸ナトリウム、ミョウバン、重曹、イオン交換樹脂、メタクリル酸エステル類など
物理的方法	多孔質物質や溶剤などによる吸着、吸収、溶解、被覆作用などを利用して、物理的に悪臭を除去・緩和	脱臭剤	活性炭、炭（白炭、黒炭）、無機多孔質（天然および合成ゼオライト）、包接化合物（シクロデキストリン）、有機溶剤、界面活性剤など
生物的方法	細菌（バクテリア）の働きを利用して有機物（におい物質）を分解し無臭物質に変換	消臭剤	細菌（バクテリア）、活性汚泥菌、生ごみ処理剤（微生物群）など
	薬剤の防腐・殺菌・滅菌作用を使い細菌による腐敗・分解作用を抑止し、悪臭の発生を防止	防臭剤	防腐剤、殺菌剤、抗菌剤（銀系）などで、成分としては、エタノール、次亜塩素酸ナトリウム、過酸化水素、二酸化塩素、ヒバ油、Ag^+など

37 消臭剤、脱臭剤、芳香剤と空気清浄機の選び方

においに対策製品の形態と特徴

芳香消臭脱臭剤協議会に申請されている家庭用消臭剤、脱臭剤、芳香剤だけでも500種類以上が市場に出ています。形態と用途はさまざまであり、使用に際しては製品に表示されている効果、用途、成分、特徴などを参考に適切に選択する必要があります。

対象とするにおいの発生源（発生している場所やモノ）がわかっている場合には、ポンプスプレータイプのミストを発生源に直接噴霧することができます。しかし、発生源がよくわからないにおいが室内に漂っている場合には、空気中のにおい物質と製品の成分が触れ合えるように、成分が空気中に長時間浮遊できる、より細かなエアロゾルタイプが効果的です。

固体や含浸体（固体に液体をしみ込ませたもの）は、その消臭剤、脱臭剤ににおい物質を触れさせる必要があるため、におい物質の発生場所と空間内の空気の流れを考えて設置するのがよいでしょう。活性炭などを用いた脱臭剤には、見た目に大きな変化がなく、いつまでも使えそうに思われるものもありますが、におい物質の吸着には限界があるため、使用期間が過ぎると交換が必要です。

40％以上の家庭で使用されている空気清浄機の大半はにおいの除去性能を有していますが、その方式はさまざまです。活性炭、ゼオライト、ケミカルフィルターなどによる吸着型、光触媒、プラズマ、加熱触媒などによる分解型、ある種のイオンを放出し、カーテンなどへ付着したにおいの分解除去を狙ったイオン放出型などです。吸着型では、経年劣化が起こるため、性能を保つためには、フィルターのメンテナンスや交換を忘れずに行わなければなりません。分解型やイオン放出型は、におい物質の種類によって分解性能が異なります。

消臭剤、脱臭剤、芳香剤、防臭剤、空気清浄機のいずれも、用途に表示のあるにおいの種類や空間、使用方法に沿って正しく使用することが大切です。

要点BOX
- ●ポンプスプレーは悪臭発生源に直接噴霧
- ●空気清浄機のタイプにも吸着型と分解型がある
- ●吸着タイプは、時期がきたら交換が必要

臭気対策製品の形態と特徴

製品形態(剤型)	用途	対応する製品(分類)
固体:ゲル剤、固形剤、粒状、粉末状	室内用、玄関用、下駄箱用、トイレ用	消臭剤、芳香剤、脱臭剤 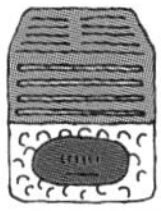
		芳香・消臭剤 
	冷蔵庫用	脱臭剤 
含浸体:固形物に液体をしみ込ませたもの	タンス・クローゼット用、台所用、ごみ箱用、洗面所・風呂用	脱臭剤、防臭剤 
液体:吸い上げ芯タイプ(芯材はポリエステル製、ラタン(籐)製など)、フィルム透過タイプ	自動車用、たばこ用、ペット用など	芳香・消臭剤  
	室内用、トイレ用、玄関用、靴用、布用	脱臭剤、防臭剤 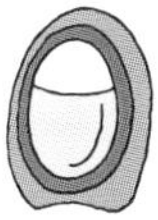
ミスト液体:ポンプスプレータイプ 気体:エアゾールタイプ	室内・臭気発生源全般	消臭剤、芳香剤、脱臭剤  
		芳香・消臭剤 

38 においの吸着特性を利用した伝統的な対策

炭、ゼオライトのちから

吸着を利用したにおい物質の除去は多方面で利用されています。代表的な方法は、「炭（活性炭）」と「ゼオライト（合成・天然）」の使用があげられます。

炭作りは古くから、日本の伝統的な産業の1つで、炭（活性炭）の用途は燃料です。炭は、作り方（焼く温度）によって、黒炭と白炭に分けられます。

黒炭では若干の酸性になった有機物質が炭中に残っており、アンモニア（尿の飛散で発生）やトリメチルアミン（腐った魚のような生臭いにおい）などのアルカリ性物質と反応し、無臭物質に変換することができます。白炭は焼く時の最終仕上げとして、1000℃以上に保持します。そこで炭中に残存している有機物質は、ほぼ炭化されるため機能性としては吸着性が優先され、さまざまなにおい物質の吸着に適しています。これが、黒炭は化学吸着、白炭は物理吸着と言われる所以です。

通常、活性炭は原料を炭化したのち、表面を薬品処理することで、膨大な表面積を確保しています。活性炭の表面積は1グラム当たり数百～4000m²にもなります。炭は窯でじっくりと時間をかけて、蒸し焼き（空気を遮断）にするわけですから、吸着能力は活性炭には及びませんが、木質の組織はそのまま残ることになります。

最近では、果物や野菜も炭として加工され、オブジェとして室内の装飾に使われたりしています。いずれの場合も、置きっぱなしは避け、定期的に水洗いし天日乾燥することで、機能を長く生かし続けることができます。

天然ゼオライトの産地は、北海道から九州まで全国的に存在しています。天然ゼオライトは吸湿性が高いため、主に建材として調湿を目的に使用されています。豊富な資源で、しかも安価なためにおい対策としてペット用トイレなどにも使われています。

- ●黒炭はアルカリ性物質と反応もする化学吸着
- ●白炭は吸着性が優先の物理吸着
- ●ゼオライトは除湿と臭気除去の役割を持つ

黒炭・白炭の作り方

活性炭の製造

原料⇨賦活化
⇨活性炭・物理吸着

500〜1000℃

炭(すみ)の製造

黒炭⇨炭素分：約 75%
　窯温度：約 400℃で炭化終了
　　その後〜700℃に上昇させる
　　アルカリ性物質を吸着（化学吸着）

白炭（備長炭)⇨炭素分：約 90%
　窯温度：約 400℃で炭化終了
　　その後 1000℃〜1200℃に上昇させ、
　　完全炭化させる
　　ほぼ物理吸着

天然ゼオライトの国内産地

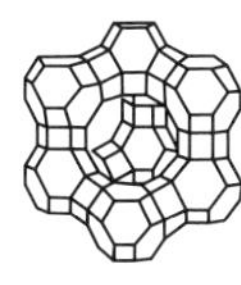

ゼオライトは酸化アルミニウムと酸化ケイ素が三次元的に結合してできている

中心部の空隙部ににおいがキャッチされる

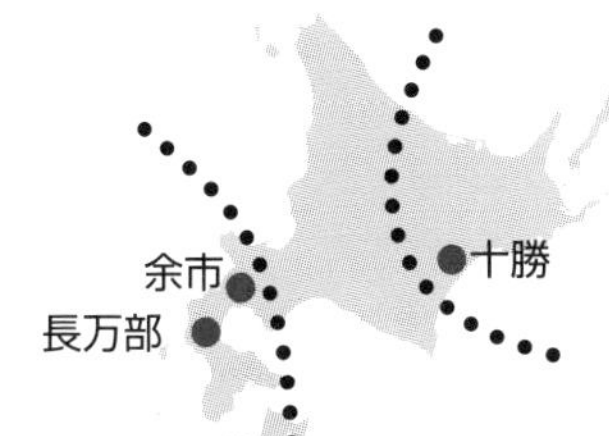

・ゼオライトは天然と合成に分類
・天然の主な産地は、東北地方と中国地方
・天然は、シリカ分が少なく、吸水性が高いため、
　調湿建材としての利用価値が高い

39 化学反応を利用した伝統的なにおい対策

重曹、クエン酸、ミョウバンのちから

家庭内の伝統的なにおい対策として用いられている重曹、クエン酸、ミョウバンの効能について説明します（67項参照）。

重曹（炭酸水素ナトリウム）のpHは8を超える程度で、市販の石けんのpHが9〜10・5ですから、石けんよりもはるかに弱いアルカリ性に相当し、化学的には中性の範囲に入ります。重曹は、粉のままにおいの発生源にふりかけたり、水に溶かして重曹スプレーにしたりして用いられています。これを靴や下駄箱で発生するイソ吉草酸や、台所の生ごみや排水口から発生する硫化水素、メチルメルカプタン、酢酸などの酸性物質と中和反応させて、悪臭を軽減できます。より素早い中和反応が求められる時には、炭酸ナトリウムが有効です。炭酸ナトリウムのpHは約11とやや強めのアルカリ性のため、取り扱い時には手荒れ防止用にゴム手袋を着用するなど注意が必要です。

クエン酸は、馴染みのあるレモン、夏ミカン、ライム、ダイダイ（ビターオレンジ）、ユズなどの柑橘類の果実に多く含まれ、梅（梅干し）、アンズなどにも含まれています。強い酸性を示すことから、トイレの飛散した尿などのにおい（尿成分が分解されて発生するアンモニア）や、生ぐさ臭のトリメチルアミン（47項参照）と中和反応して無臭化します。レストランでの食後に、フィンガーボール（レモンのしぼり汁、またはクエン酸水溶液を使用）が出されることがあります。これは、特に蟹、海老など魚介類の生ぐさ臭が指先に付着した場合の除去に有効だからです。無臭であり、反応効果は酢酸以上であるため非常に使い勝手が良いと言えます。

ミョウバンは、通常、カリミョウバンと言われています。ミョウバン水（弱酸性）は消臭・殺菌・制汗剤として古くから利用されており、特に制汗剤としては、皮膚収斂（しゅうれん）作用があるため、直接肌への塗布やスプレーとして使用されています。

要点BOX
- ●重曹は蒸れた靴下のにおい除去に効果的
- ●クエン酸はお酢以上に生ぐさ臭を除去
- ●ミョウバンは消臭・殺菌・制剤として有効

重曹

$$\underset{\text{(脂肪酸)}}{R\text{-}COOH} \xrightarrow[\text{(炭酸ナトリウム)}]{Na_2CO_3} \underset{\text{(石けん)}}{R\text{-}COONa} + \underset{\text{重曹(炭酸水素ナトリウム)}}{NaHCO_3}$$

水に溶解する

重曹は台所周りの油分の除去として利用されます。脂肪酸(食用油)と反応して石けんが生じ、油分が除去されます。重曹と炭酸ナトリウムはともに、入浴剤の発泡成分として利用されています。入浴剤使用時の、肌のぬめり感はこれら二者の影響です。

クエン酸とトリメチルアミンとの反応式

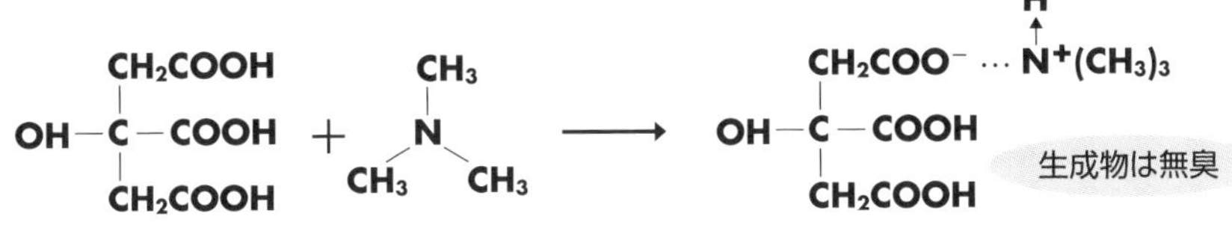

ミョウバン水

$KAl(SO_4)_2$ （硫酸カリウムアルミニウム） の約0.5%水溶液を消臭・殺菌・制汗剤として使用

40 かおりを利用した伝統的な対策

お香、におい袋のちから

英語でかおりのことをパフューム（perfume）と言いますが、フランス、ドイツ、イタリアでも類似の言葉が使われています。それらの語源はラテン語のPer Fumumに由来し、「through smoke：煙を通して」という意味であることから、最初は主に薫香として用いられていたと考えられます。

日本のかおり文化は、6世紀中頃の飛鳥時代に仏教の伝来とともに伝えられた薫香に始まると言われています。天平時代には香料の使用も増大し、寺院などの典礼においても香が焚かれ、また、薫香に衣類をかざしてかおりがつけられていたようです。その後、唐の鑑真和上が奈良時代（754年）に薫物を日本に伝え、日本人が薫物の複雑なかおりに魅せられることになります（薫物については16項参照）。

「源氏物語」には繰り返し薫物が登場するようになり、薫物調合の秘伝を知ることが貴族の教養の証とされました。平安末期には沈香に四季の日本独特の佳香を加えて楽しむ翫香という習慣が広まり、部屋や着物に香を焚き染める空薫や薫衣香、掛香のほか「薬玉」や匂い袋が普及しました。

これらのかおり文化は主に貴族や武家社会で流行し、日本独自の芸道である香道に発展しましたが、庶民にまでかおりが普及するのは江戸時代になってからです。線香の製造方法の伝来とともに、お香が庶民に普及したのもこの時代になります。

現在では、合成香料工業の発展により数多くの香料素材が開発されました。それらとともに調香技術の著しい発展により数多くの調合香料が開発され、香水やオーデコロン、日用品のかおりなどさまざまな用途で日常生活の中に活用されています。

日本のかおり文化に立ち戻れば、お香や匂い袋などで部屋や着物にかおりを付けて楽しむ習慣は、本来の日本人の姿とも言えるでしょう。

要点BOX
- ●香り文化は主に貴族や武家社会で流行、庶民にまでかおりが普及したのは江戸時代
- ●薫香による部屋や着物に香を焚き込む習慣

伏籠(ふせご)

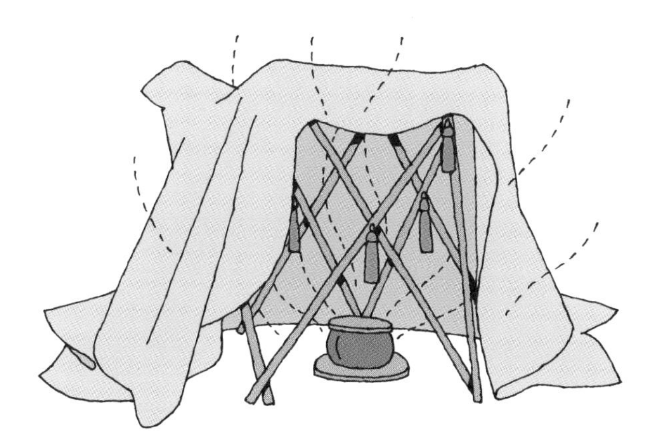

着物にお香のかおりを焚き染める

匂い袋

粋なつけ方

41 生活の知恵の効果はホンモノか

濡れタオル、新聞紙、10円硬貨などの効果

住まいのにおい対策にはさまざまな方法があります。ここでは、古くから言い伝えられている生活の知恵とも言える対策に着目してみましょう。

におい対策の基本は、発生源をなくすことです。においは分子ですから発生源から室内へと、容易に広がってしまいます。住まいでにおいが発生する状況として、①調理臭、たばこ臭、トイレの排泄臭などのように、直接においが発生する場合と、②体臭、エアコン臭、排水口臭、生ごみ臭などのように細菌の介在によって、新たに不快なにおいが作られる場合に分けられます。

①の対策は濡れタオルの利用です。調理臭やたばこ臭はミストとなって広がり、室内のあらゆる場所に付着（吸着）し、長い時間においの発生源になります。これを防止するために、におい発生直後に濡れタオルを室内で振り回すという方法です。ミスト除去には期待できますが、におい除去に関しては大きな期待はできません。タオルに付着したにおい分子は、振り回し続けることで容易に離れてしまいます。解決法としては、タオルへの付着物をこまめに流水で洗い流すことです。

②の対策は新聞紙の利用です。細菌の介在による不快臭発生の代表的な事例は、生ごみ臭です。古くから生ごみを新聞紙でくるむという習慣があります。食材や食べ残しから水分を切り細菌の増殖を抑制するのには、理にかなった方法です。

10円硬貨の利用もよく言われる方法ですが、銅の殺菌作用は、1893年スイス人のネーグリーによって確認されました。1980年代に厚生省（現厚生労働省）の研究で酸化銅（緑青）が無毒であり、2008年には米国環境保護庁（EPA）から、60wt%以上の銅含有合金の殺菌作用が認定されました。

銅含有率から、1円硬貨以外はすべて抗菌・殺菌作用を有し、中でも10円硬貨は最も優れています。

要点BOX

●ミストとなって直接広がるにおいには濡れタオルによる効果も期待できる
●新聞紙で水分を取り除き細菌の増殖を抑制

古くから言い伝えられているにおい対策

焼き魚の煙の中で、濡れタオルを回す

雨に濡れた靴の中に新聞紙

銅製の水切りかご

脱いだ靴の中のつま先部に10円硬貨

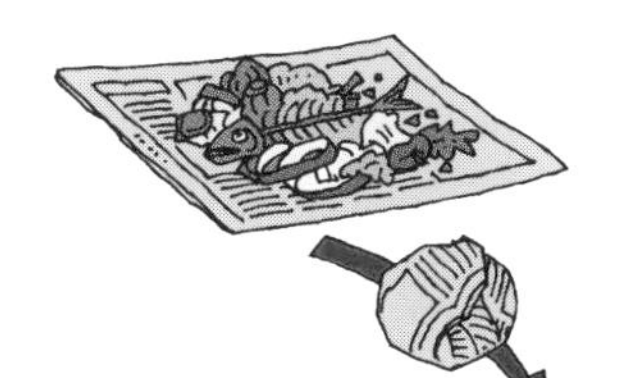
生ごみを新聞紙でくるむ

ピカピカ

効果あり

くすんでいる

あまり効果なし

造幣局製造の貨幣一覧

貨幣種	金属組成(wt%)					自重(g)
	銅	亜鉛	ニッケル	スズ	アルミニウム	
500円 ニッケル黄銅	72	20	8			7
100円 白銅	75		25			4.8
50円 白銅	75		25			4
10円 青銅	95	4〜3		1〜2		4.5
5円 黄銅(真鍮)	60〜70	40〜30				3.75
1円 アルミニウム					100	1

お金ですから、使用する際には注意が必要です。におい対策で使用する場合には、市販されている銅板の使用がおすすめです。

Column

健康と快適

近年のトイレタリー製品は、かおりアイテムの品揃えが豊富でかおりの企画品が多く見られることから、かおりが消費者の購買意欲を高める一要因になっていることがわかります。日本では以前からかおり製品の需要が高かったわけではなく、かおりは控えめのものを好む傾向でした。かおりの品揃えも、シトラス調とフローラル調の2アイテム程度でした。

近年では香水を始めとしてさまざまな海外製品に触れる機会が多くなり、食べ物も欧米化し、かおりの好みも多様化しています。かおりアイテムも、シトラス、グリーン、フルーティ、フローラル、オリエンタルなどの香調やこれらのコンビネーションなど、市場にさまざまなかおりの商品が溢れ、消費者は自分の好みに合わせたかおりの選択が自由に行えるようになってきました。

さらに、かおりを嗅いでリラックスやリフレッシュしたり、負担であった家事をかおりで楽しくしたり、幸せな気分で家事をしたいという快適さのニーズもあらわれており、トイレタリー製品のかおりの重要さが増しています。

かおりの適応方法も、各部屋を香らせるもの、衣類などを香らせるもの、制汗剤にかおりがついており身体へ直接使用されるものなどさまざまです。このように複数箇所へかおりを適用する場合、その混ざり合った状態をどう意識するかということも考えなければならなくなりました。

部屋、衣服、身体へそれぞれ異なるかおりのタイプを使用すると、かおりが混ざり合い周囲に不快感を与える場合があります。また、それぞれの適用量を守っていてもそれらが総合されて適用量が増え、かおりが強くなりすぎ、不快感を与える場合もあります。

働き方や暮らし方、生活環境などの変化に伴い、ステイホームの時間が長くなるなど、生活のリズムが大きく変わり、思わぬストレスを感じることもある中で、快適性やストレス緩和などの健康面でのかおりの活用など、かおりの有用な活用方法が期待されます。

混ざり合っても良いようにそれぞれの香調に注意し、各適用量を少な目にするなど工夫し、周囲にも配慮してかおりを楽しむことが重要になってきます。

第4章

身の回りの嫌なにおいが発生する仕組みと対処法

42 体臭の発生原因とその予防

身体の部位で異なるにおいの特徴

体臭といっても、発生する部位によって原因となるにおい物質が異なります。例えば、頭皮は皮脂腺が特に発達しており酸化した油のようなにおいがします。足の裏は皮脂腺はありませんが、多量の汗が分泌され、1日中、靴を履いていると、蒸れて細菌が繁殖しやすい状態になり、納豆が腐敗したようなにおいがします。このようなにおいのもととなる物質の発生には、皮膚にある汗腺や皮脂を分泌する皮脂腺と皮膚常在菌の働きが関係しています。

汗腺には、エクリン腺とアポクリン腺があります。エクリン腺は、外耳道や唇などの一部を除き、全身に分布しています。暑い時などにかく汗は、エクリン腺から分泌され、ほぼ水分で無臭です。汗自体はほぼ無臭ですが、皮膚常在菌の作用によってにおいが発生するのです。

一方、アポクリン腺は限られた部位に集中して存在し、腋に多く分布しています。ここから出る汗は、水分が少なく、粘つきがあり、脂質やたんぱく質などにおいの原因となる成分を多く含んでいるのが特徴です。腋臭(わきが)は、スパイスのようなにおい、イオウのようなにおいと言われますが、アポクリン腺から分泌される汗が、常在菌により分解され、独特のにおいを発生させています。

においを防ぐには、「汗を抑制」「細菌の働きを弱化」「細菌の繁殖を防止」が必要です。発汗を抑える「制汗作用(皮膚を収斂させ発汗を抑える作用)」「殺菌作用」を持つ成分を配合したデオドラント製品は、入浴後などの身体が清潔な時で汗をかく前に使用するのが効果的です。このほか、皮脂の酸化を防ぐ「抗酸化作用」、発生したにおいを除去する「消臭作用」、発生したにおいを覆う「マスキング作用」をもつ成分を配合したデオドラント製品、洗浄剤が市販されています。これらを用いる時には、より効果的な使用場面を判断するとよいでしょう。

要点BOX
- ●汗をかく前後によって有効な対策が異なる
- ●体臭を防ぐには、汗を速やかに拭き取ること
- ●制汗剤、抗・殺菌剤、酸化防止剤なども有効

体臭の種類と主なにおい物質

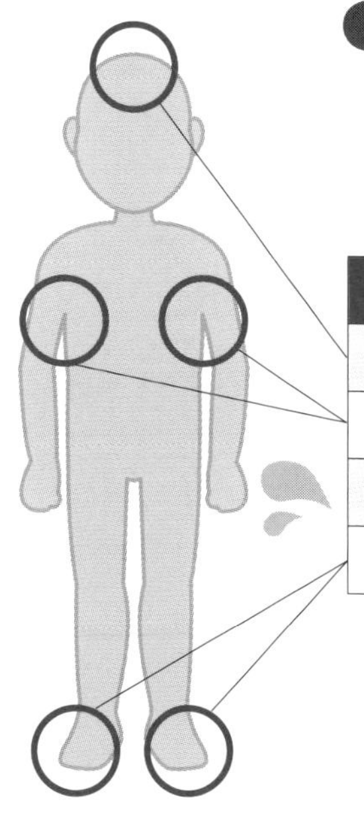

体臭	主なにおいのもと	主なにおい物質
頭皮臭	皮脂	脂肪酸類、アルデヒド類
腋臭	アポクリン腺からの汗	3-メチル-2-ヘキセン酸
汗臭	全身のエクリン腺からの汗	アンモニア、脂肪酸類
足臭	エクリン腺からの汗	イソ吉草酸

体臭対策（作用と効果）

作用	効果	効果的な使用
制汗	汗の抑制	入浴やシャワー後の汗をかく前
殺菌	菌の繁殖防止	入浴後など身体が清潔に保たれている時（汗を拭きとった後）
抗酸化	皮脂の酸化を防ぐ	皮脂の酸化が原因の体臭に効果的（加齢臭対策など）
消臭	においを除去する	発生したにおいに作用
マスキング	においを覆う	発生したにおいに作用

43 年齢による体臭の変化

加齢臭を予防しよう

体臭は年齢や性別、体調によって変化します。若い頃は新陳代謝が活発で汗をよくかくため、腋からのにおいを強く感じがちですが、20代をピークに徐々に低下します。

男性の年代別の体臭の特徴として、首から胸付近の体幹部に脂っぽい（Oily）においがあり、これは、20～40代で多いことがわかっています。においの正体はペラルゴン酸で、皮脂成分であるリノール酸やオレイン酸、スクアレンなどが酸化によって分解され、生成されたと考えられています（2008年、ライオン）。

また、男性の約半数は、特に30～40代で体臭の変化を実感することが多いようです。30～40代の男性に特有の不快な脂っぽいにおいは、頭部とその周辺から発生するジアセチルであることがわかっています（2013年、マンダム）。表皮ブドウ球菌などの皮膚常在細菌が、エクリン腺からの汗に含まれる乳酸を代謝することでジアセチルが発生します。

中年以降の男女にみられる「脂臭く、少し青臭い」特有の体臭を「加齢臭」と呼んでいます（2001年、資生堂）。加齢臭には、特に皮脂腺が関係しています。皮脂腺からの分泌物に、年を重ねると増加するトランス-9-ヘキサデセン酸（脂肪酸）が存在します。このトランス-9-ヘキサデセン酸は無臭に近い皮脂ですが、過酸化脂質や皮膚常在菌によって酸化分解され、加齢臭の主成分である2-ノネナールが発生します。20代～30代でも発生しますが、男女を問わず40歳を過ぎた頃から増えてくるようです。

加齢臭などの予防には、年代ごとに体臭が発生しやすい部位を把握し、その部位の汗腺、皮脂腺からの分泌物を洗い流し、拭き取り、身体を清潔に保つことが大切です。発汗を抑えるデオドラント剤、皮膚常在菌の活動を抑える抗・殺菌剤、酸化防止剤などの使用も有効です。

- ●加齢臭の予防には身体を清潔に保つ
- ●デオドラント剤、抗・殺菌剤、酸化防止剤なども有効

年齢による体臭の変化(発生部位と主なにおい物質)

20代(男女)

20代～40代(男性)

30代～40代(男性)

40代以降(男女)

ジアセチル

2-ノネナール

酢酸、アンモニア

ペラルゴン酸

2-ノネナール、ペラルゴン酸、ジアセチルの発生の仕組み

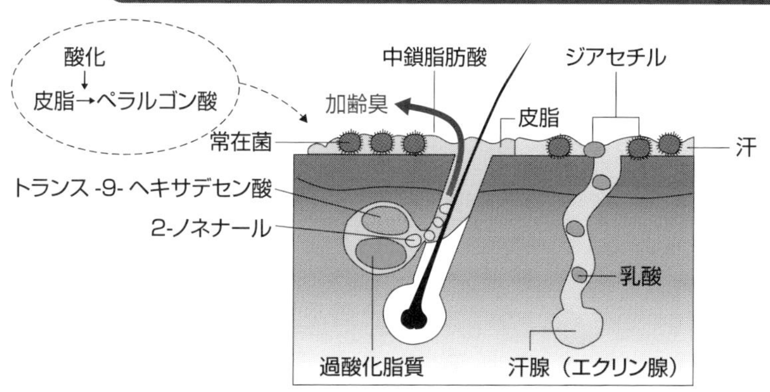

2-ノネナールの産生メカニズム

$HOOC(CH_2)_7CH=CH(CH_2)_5CH_3$

皮脂中に含まれる不飽和脂肪酸:トランス−9−ヘキサデセン酸(無臭)

皮膚常在菌による酸化分解反応

2-ノネナール(アルデヒド化合物)

$CH_3(CH_2)_5CH=CHCHO$

*水不溶性物質、脂臭く、少し青臭い

44 口臭の原因と予防

口臭の原因もさまざま

日常生活の中での人とのコミュニケーションはとても大切です。コミュニケーションには、話すことや聞くことの動作が伴いますが、ここで気になるのは口臭です。口臭の原因は、「生理的口臭」「病的口臭」「外因的口臭」に分けられますが、「病的口臭」の場合は、歯周病やむし歯由来のもの、消化器系、呼吸器系などの疾患が原因になります。

一般的な口臭は、主に「生理的口臭」と「外因的口臭」が原因です。「生理的口臭」は、口の中の食べかすや粘膜からはがれた細胞中のたんぱく質などを口腔内の細菌が分解することで発生します。口臭の不快なにおいの主な原因物質としては、玉ねぎの腐ったようなにおいであるメチルメルカプタン、キャベツの腐ったようなにおいの硫化メチル、卵の腐ったようなにおいの硫化水素です。この他、生理的口臭は、起床時、空腹時など唾液の分泌量が低下し、口腔内が乾燥することでにおいが強くなることがあります。

「外因的口臭」とは、口に入れたものや食べたものがにおいの原因となる口臭のことを言います。にんにくやニラ、ねぎなどのにおいの強い食材や、アルコール、たばこなどを摂取した後は、口臭が気になることがあるのではないでしょうか。

飲酒によるアルコールは、肝臓によってアセトアルデヒドというにおい物質の生成につながり、刺激的で青臭い飲酒後の独特のにおいの原因になります。たばこの煙にはガス状と粒子状の物質が含まれており、におい物質も多く含まれることから、これらがにおいの原因になります。

口臭を予防するには、歯みがきや舌のお掃除をして汚れを落とすことや、殺菌効果のあるマウスウォッシュなどで、においの原因となる汚れや細菌を減らすことが有効です。また、ガムや飴などを摂取して唾液の分泌を促し、口中を浄化することも有効です。

要点BOX

- ●口臭の発生は口の中の食べかすや菌による分解、摂取した食材が原因
- ●歯みがきやマウスウォッシュで汚れや菌に対処

口臭の原因と予防

	生理的口臭	外因的口臭	病的口臭	
			口腔由来	全身由来
原因	●口腔の汚れ（食物残渣） ●起床時、空腹時 ●緊急時における口渇時  	●においのある食品（にんにく、ニラなど） ●飲酒、喫煙 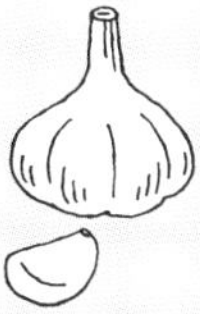 	●歯周病 ●虫歯 ●口腔乾燥症 	●消化器系疾患 ●呼吸器系疾患 ●糖尿病 
対策	●歯みがきや舌のお掃除 ●マウスウォッシュやうがいなど ●ガムや飴、水分補給    		●治療と日頃のお手入れが大切 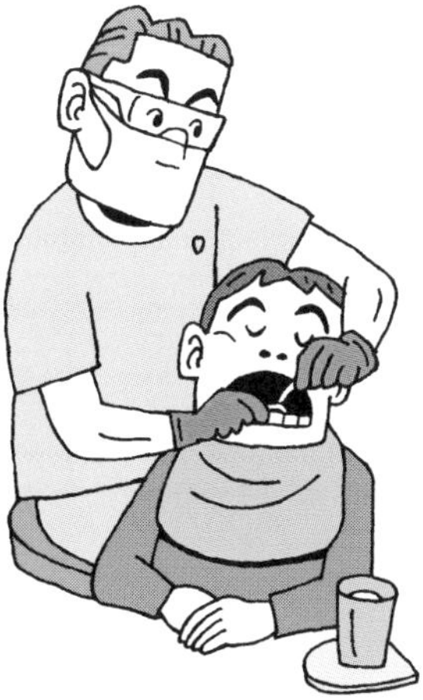	

45 ペットのにおいと対策

犬や猫の体臭や尿臭の対応策

ペットのほとんどを占めるのは犬と猫ですが、犬と猫では体臭や排泄物のにおいが異なります。人には、エクリン腺、アポクリン腺、皮脂腺がありますが、エクリン腺は、体温調節のために汗を分泌する役割があり、全身に分布しています。しかし、犬や猫のエクリン腺は、主に肉球や鼻の頭付近にしか存在せず、代わりにアポクリン腺が全身に分布しています。そのため、犬はハァハァと口呼吸(パンティング)をして体温調節をしたり、猫は全身を舐めて体温を放散したりしているのです。

犬や猫のアポクリン腺からの分泌物は、縄張りや仲間同士の確認、異性を引き付けるフェロモン的役割などのコミュニケーションの役割を果たしていると考えられています。アポクリン腺からは脂質やたんぱく質などが分泌され、これらが皮膚常在菌によって分解され、においの原因になります。

犬と比較すると猫の体臭はあまり感じられませんが、ネコ科の動物は、獲物を捕らえる時に自分のにおいを消す必要があるため、全身を舐めることでにおいも除去しているようです。一方で、排泄物については、猫の尿はにおいが強く感じられがちです。これは猫があまり水を飲まないことが原因で、少ない水分に多くの老廃物を凝縮してしまうために尿のにおいが強くなるのです。

犬の体臭は、こまめに身体を洗ったり拭いたりすることで、においを抑えることにつながります。排泄物臭は、便の場合には早めに処理をすることが多いですが、尿の場合でも早めにトイレシートや猫砂を交換することで、においの軽減につながります。

ペットの体臭と排泄物臭のケアとともに、ペットフードの食べ残しなどの処理に気を付け、飼育空間に脱臭機能を有する内装材を適用したり、こまめな換気や消臭剤・芳香剤、空気清浄機を設置したりするなど適切な方法を用いた対策を行うことが大切です。

要点BOX

- ●犬の体臭はこまめに身体洗浄
- ●排泄物については犬猫いずれもトイレシートをなるべく早く交換

人と犬・猫の汗腺の分布の違い

アポクリン腺は限られた部位に集中して分布（腋に多く分布）

エクリン腺が全身に分布

- 暑い時に汗をかいて体温を下げる
- 水分が多くほぼ無臭の物質を分泌

アポクリン腺が全身に分布

- フェロモン的要素
- 独特のにおいの素となる物質の分泌

エクリン腺は足の裏など限られた部位に分布
- 体温調節のための汗の分泌が少ない

暑い時の犬・猫の体温調節

猫は毛づくろいをする時に、一緒に唾液を被毛に付け、唾液が蒸発する気化熱を利用して体温を下げる

犬はパンティング（浅く速い呼吸）で唾液を蒸発させる時の気化熱を利用して体温を下げる

ペット臭の対策

ペットフードの処理にも注意

身体を清潔に保つ

トイレシートや猫砂は早めに交換

46 洗濯物の生乾きのにおい

洗濯物から嫌なにおいがする原因

汚れた衣類やタオルなどの家庭での洗濯工程で、嫌なにおいを感じやすい場面として、洗濯物の部屋干しがあります。部屋干しには、天気が悪い、外出する、花粉や大気汚染物を避けたいなど、さまざまな理由があるでしょう。部屋干しは、「乾きにくい」「においがする」といったことが問題点とされています。部屋干しの特徴的なにおいは、酸っぱい、汗臭い、カビ臭い、生臭い、使い古した雑巾のようなにおいなどと表現されます。

何度も着たり使ったりした衣類やタオルを、きれいに洗剤で洗い、部屋干しすると、湿度や温度が高い条件でより強いにおいが感じられます。一方で、湿度の低い部屋で干し、洗濯物がよく乾くと、嫌なにおいが感じられにくくなります。また、一度も着用したり使ったりしていない衣類やタオルの場合は、湿度や温度のなどの条件に関係なく、嫌なにおいは感じられません。

このような現象から、部屋干しの嫌なにおいは、使用と洗濯を長期間繰り返した繊維の奥深くに蓄積された汚れや細菌の存在と、湿度が高く乾きにくい環境下での細菌の増殖が、発生原因と考えられています。つまり、部屋干しの問題点とされている「乾きにくい」ことが、においの原因にもなっているのです。

部屋干しのにおいの原因物質は、炭素数7～10程度の中鎖脂肪酸類、中でも部屋干しのにおいの特徴である酸っぱい、汗臭い、雑巾のようなにおいは、4-メチル-3-ヘキセン酸です。また、炭素数7～10の中鎖アルデヒド類、中鎖アルコール類、ケトン類は主にカビ臭、炭素数2～6程度の短鎖脂肪酸類は酸っぱい刺激臭、窒素化合物は生臭さの原因です。

部屋干しの嫌なにおいの発生原因には、汚れと菌、湿度などの環境条件が関係しているため、洗浄力を高めることや、抗菌・殺菌剤を使用すること、乾きやすい環境下に干すことなどが有効です。

要点BOX

- ●汚れと菌と水分が関与してにおいが発生
- ●高洗浄力、抗菌・殺菌剤、素早い乾燥が有効

部屋干し時のにおいの種類と主なにおい物質

酸っぱい
短鎖脂肪酸類

汗臭い
短鎖脂肪酸類
中鎖脂肪酸類

生臭い
窒素化合物

カビ臭い
中鎖アルコール類、
中鎖アルデヒド類、
ケトン類

使い古した
雑巾のようなにおい
4-メチル-3-ヘキセン酸

部屋干しの際のにおいの発生要因

部屋干し臭の発生

悪臭
生臭い
カビ臭い
酸っぱく
汗臭い

汚れ自体の
酸化・分解

菌の代謝よる
汚れの分解

衣類・タオルなど

粒子汚れ
皮脂汚れ
たんぱく汚れ
細菌
粒子汚れ

着用・使用時に
悪臭が漂う要因

悪臭が
増強

水分
(高湿)

温度
(高温)

対策：衣類の洗浄、除菌を行うことで
においの低減を図る

47 食べ物のにおいの変化

生魚、にんにくのにおいはなぜ変わるのか

お寿司屋さんに入って、「魚臭い！あるいは、生臭い！」と感じることは少ないかもしれません。大量の寿司ネタ（生魚、ボイル魚・あぶり魚など）があるにもかかわらず、においはさほど気になりません。「魚（魚介類）のにおい＝生臭い」という関係は、ほぼ成り立ちます。しかし、魚の種類や鮮度などによって、においは劇的に変化します。例えば、ウニは「生臭いから嫌いだ」という人の中で、取れたてのウニを口にして考えが変わったという人も大勢います。これには鮮度の影響が大きいようです。

魚介の生臭さの主たる原因物質はトリメチルアミン（以下、TMA）で、生きている魚には存在しません。魚が水（海水）から空気中に出た段階から、徐々に発生します。魚体中には、多くのトリメチルアミンオキシド（以下、TMAO）という物質が含まれています。この物質は無臭で、うま味成分の1つです。

時間経過に伴い、細菌の働きによってTMAOが分解され、TMAの発生量が多くなり、生臭さが徐々に強くなります。発生するTMAはアルカリ性物質で、酸性物質と容易に反応します。身の回りにあるお酢（酢酸）は酸性物質であるため、TMAとは容易に化学反応を起こし、トリメチルアミンアセテートとなり無臭化されます。お寿司屋さんで生臭さがほとんどしない理由は、ここにあります。酢飯のお酢と化学反応を起こしているのです。レモン汁も有効で、それに含まれるクエン酸がトリメチルアミンを無臭化します。

にんにくは、さまざまな料理に使われる人気のある食材の1つですが、においが気になり、食べることを控えることも多々あります。店頭に並んでいるにんにくはほとんどにおいません。にんにくは、調理などで傷つけられると、酵素の作用でアリインがアリシンへ急速に変化し、多種類の含硫化合物へと変化し、独特のにおいが発生するのです。

要点BOX

- 生臭いアルカリ性物質とお酢などの酸性物質との中和反応
- にんにくのにおいはそれ自体が傷つき発生

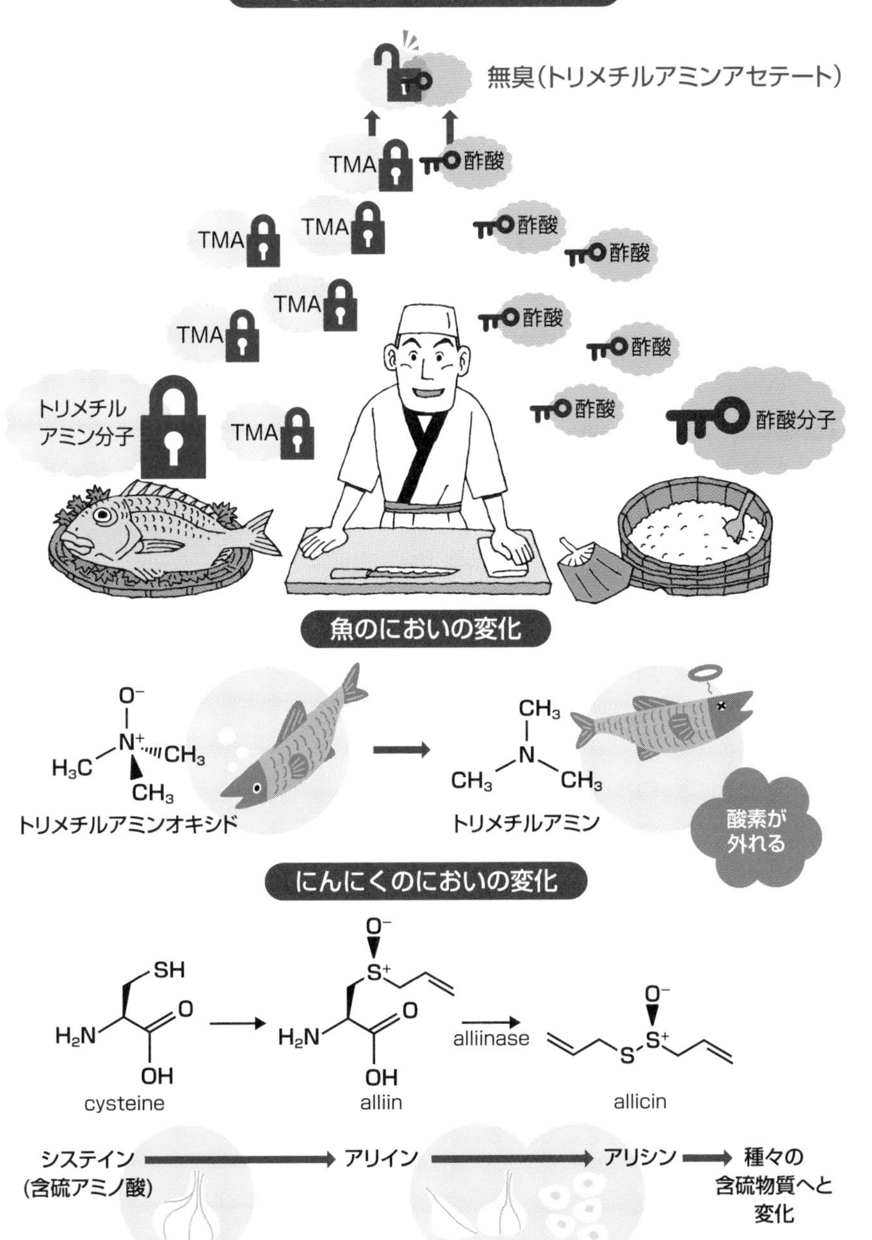
お寿司屋さんでの化学反応の例
無臭(トリメチルアミンアセテート)
TMA
酢酸
トリメチル
アミン分子
酢酸分子
魚のにおいの変化
トリメチルアミンオキシド
トリメチルアミン
酸素が
外れる
にんにくのにおいの変化
cysteine
alliinase
alliin
allicin
システイン
(含硫アミノ酸)
アリイン
アリシン
種々の
含硫物質へと
変化

48 調理後のにおいの原因と対処法

調理後に油っぽいにおいはなぜ残るのか

多くの場合、個々の住宅内(居住空間)のにおいは、「食」に関連するものが大部分を占めます。長年住み続けると、個々の家の独特のにおいが出来上がってきます。もちろん、家族構成も大きな要因です。近年の住宅は、断熱効果の優先によって高気密化され、外と室内空気の交換が起こり難くなっています。

また、日常の食事も、わずか30～40年間で国際色豊かになってきました。かつては穀類・野菜中心の食材が、肉類、油類、スパイス類等をふんだんに使用する食に移行してきています。また、食の変化から、若者を中心に体臭も変化していると言われています。

家の調理は、台所で行う場合と鍋などのように食卓で行う場合がありますが、特に食卓の調理の場合、においの問題は大きくなります。また、台所で行う場合でも、例えば、焼き肉やすき焼きを家で行ったら、何日も家の中に、肉のにおいが残ってしまいます。そもそも、においは分子であり自由に動き回ります が、換気をすればなくなるはずです。しかし、いつまでも「においがする」ということは、室内のいろいろな場所に、におい分子が強固に吸着し、時間をかけて再び放散することにより、いつまでも室内でにおいを感じてしまうわけです。

食材を加熱すると水蒸気が出て、さらに油煙も出てきます。目に見えるということは、エアロゾルよりも大きい粒子(ミスト)で、実はこの粒子の表面や内側には、さまざまなにおい物質を含んでいるのです。そこからにおい分子が、じわじわと出てきます。これらのにおい物質は、食材自体や調理時に加熱されることで、酸化分解され発生したものです。

残留するにおいの対策は、発生源近傍で、速やかににおいを排出し、においを室内に広げない工夫が必要です。室内全体を換気する時には、外気がにおいの発生場所に届き、確実に空気排出口へ流れる経路を確保することが重要です。

要点BOX

- ●におい分子が室内に吸着し、時間をかけて再び放散
- ●対策には、発生源近傍で速やかににおいを排出

部屋に残る調理のにおい

油煙も発生源近傍で排気

49 生ごみ臭の発生原因と対策

生ごみの腐敗を抑えよう

日常生活の中で、においがしなかった空間で突然においがし始めたり、においがするはずのない空間でにおいを感じ始めたりした時には、ほとんどの場合、髪の毛の太さのわずか10分の1以下ほどの、細菌（0・5～5㎛）、カビ（2～10㎛）の働きが関わっています。細菌は、種類によって最適な増殖温度が異なり、20℃以上では増殖できない種類もありますが、生ごみ臭の発生には、およそ20～45℃を最適温度とし、30～38℃程度になると急激に増殖する中温菌の働きが関わっています。

夏の日中、エアコンを切って外出すると、外気温にもよりますが、留守の間に室内は35℃以上になってしまいます。冬にそれほど気にならない生ごみ臭が、暑くなり始めると気になってくるのは、生ごみを置いている場所の温度が一因です。

ごみ収集日まで生ごみを貯留する場合には、高温になりにくい場所に置くよう心掛ける必要があります。一般的に北向きの部屋は涼しく、そして2階よりも1階が涼しい場所です。窓ガラスは熱を通しやすいため、遮熱カーテンなどで外気の熱を遮ると温度の上昇を防げます。

生ごみ臭は、人が感知しやすいにおい物質から構成されていることも、においが気になりやすい要因です。もちろん廃棄された生ごみの材料によって発生するにおい物質が異なります。主に、野菜くずからは、メチルメルカプタン、魚介類の残渣からはトリメチルアミンが発生します。こうしたにおい物質の発生を抑えるには、貯留する場所の温度コントロールのほか、廃棄前に新聞紙などで水分を取るなど、生ごみの水切り状態に注意を払ったり、殺菌効果のあるアルコールスプレーで細菌の働きを弱めたりすることも効果的です。袋に入れた生ごみを蓋付きのごみ箱に入れ、ごみ箱内で消臭、脱臭を行うと、空間へのにおいの漏洩を防ぐことができます。

要点BOX

- 生ごみ臭の防止には、置き場所の温度に注意
- 生ごみの水切りを行い、殺菌作用のあるスプレー利用も効果的

生ごみの貯留温度別の臭気発生量の経時変化

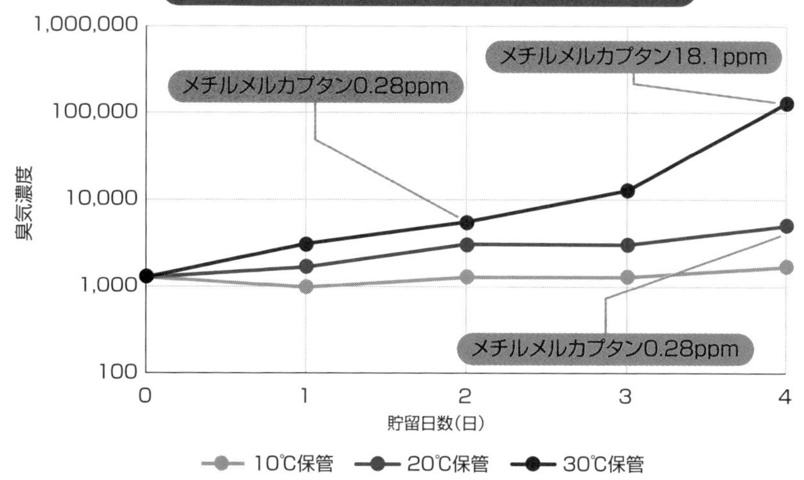

(参考文献)光田ら:日本建築学会計画系論文報告集475, PP.35-40, 1995

細菌の最適増殖温度とにおいの発生の関係

℃
60
50
40
30
20

30〜38℃に
細菌が増殖する

生ごみ貯留時の注意点

- 蓋付きごみ箱によるにおいの漏洩防止
- アルコールスプレーによる殺菌
- ごみ箱内の脱臭・消臭
- 北向きの部屋など高温になりにくい場所に貯留
- 窓を遮熱カーテンなどで覆い、熱の侵入を遮る

50 エアコンのにおい発生メカニズムとメンテナンス

季節の変わり目に要注意

暑くなり始めた時や寒くなり始めた時に、しばらく使用していなかったエアコンのスイッチを入れると、独特の嫌なにおいを感じることがあります。エアコンは室内の空気を吸い込み、エアコン内部で冷やしたり、暖めたりした空気を室内に放出します。エアコンの空気取り込み部分には、フィルターが付いており、空気中のほこりを取り除いてエアコン内部へ空気が送られるようになっています。しかし、その際、小さなほこりやカビがフィルターを通過し、エアコン内部に少しずつ蓄積していきます。冷房や除湿運転などでエアコン内部に結露し、フィルターを通過したほこりなどと結合し、そこにカビ・細菌が増殖してにおいの原因になるのです。

エアコンの風のにおいで気になるのは、主にカビ臭です。エアコン内部に発生しているカビでカビ臭を感じるものは、Aspergillus niger（クロコウジカビ）であり、そのにおいは、1-オクテン-3-オン（きのこ臭）、1-オクテン-3-オール（きのこ臭）、2-メチルイソボルネオール（カビ臭）、2,4,6-トリクロロアニソール（カビ臭）が原因物質であることがわかっています。また、エアコンの風のにおいを採取して分析すると、2,4,6-トリクロロアニソール（カビ臭）が原因物質でした。

エアコンからのにおいを防ぐには、エアコン内部のフィルターなどをこまめに掃除することが大切ですが、内部のファンなどはクリーニングを依頼するほうが安心でしょう。冷房や除湿運転した後は、しばらく送風運転して内部に結露した水を乾燥させて取り除くこと、使わない時期も時々送風運転することがにおい発生の予防につながります。また、エアコン設置空間ににおいが滞留していると、エアコンがそのにおいを吸い込んで蓄積しますので、エアコン設置空間ににおいが滞留しないように、換気に心がけることも大切です。

要点BOX
- ●エアコンの風の気になるにおいは主にカビ臭
- ●冷房や除湿運転で結露した水にほこりが結合しカビが発生

エアコンのにおいの原因となるもの

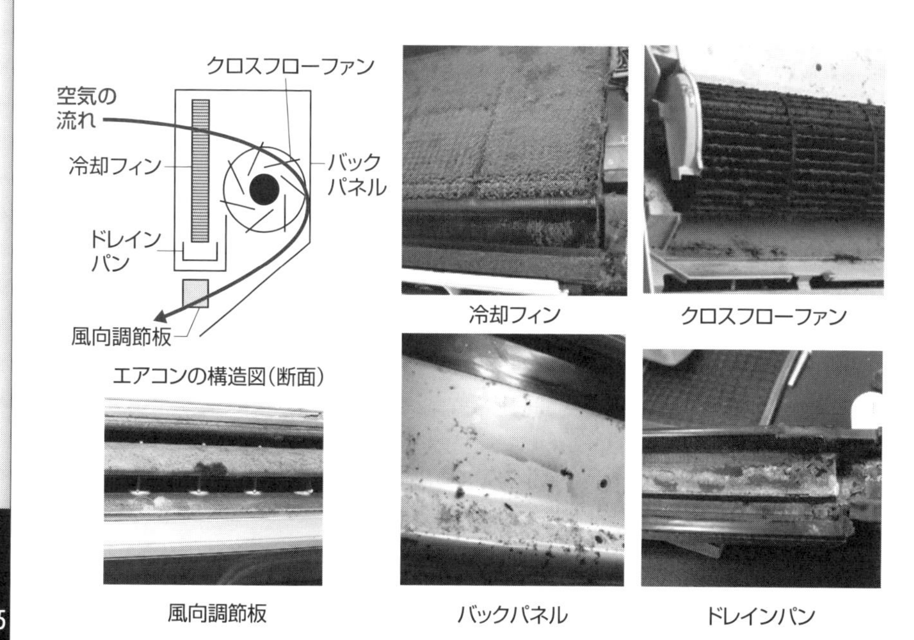

エアコンの構造図（断面）

冷却フィン　クロスフローファン

風向調節板　バックパネル　ドレインパン

51 外出先で付いたにおいを消すには

外出先で服や髪の毛に付いてなんとかしたいと思うにおいは、喫煙や焼き肉のにおいでしょう。たばこ煙には、約4000種類とも言われるガス状物質、粒子状物質が含まれています。焼肉の場合は、水蒸気も混ざった油煙が発生します。付着したにおいが取れにくく、いつまでもにおうのは、においとにおいが付着する側の特性が関係しています。

におい分子は、通常、室内では分子単体ではなく、いろいろなものに付着して動き回ります。換気によってすべてが排出されるわけではなく、さまざまな場所に粒子として付着します。たばこ煙の場合は、タール状物質、不完全燃焼物にニコチンや多くのにおい物質が付着・溶解して動き回り、喫煙空間にいる人の衣類や髪に付着します。焼き肉の場合も同様で、加熱によって油分が酸化分解されたアルデヒド類や種々のスパイス類、たんぱく質（アミノ酸類）が加熱酸化分解されたにおい物質などが油分と一緒になり、油煙（ミスト化）が形成され空中を漂います。

においが付きやすい毛髪の構造は、キューティクルというたんぱく質です。表面はうろこ状で隙間があり、そこに、におい物質と一緒になったミストが入り込みます。特に、染色・脱色などでダメージを受けた毛髪は、キューティクルが剥がれるためミストは毛髪の奥まで侵入してしまいます。衣類は繊維がにおいの付着に大きく関係します。ポリエステルやナイロンなどの化学繊維は表面が平滑で、ミストが付着しにくい一方で、羊毛は毛髪と似ており、ミストが付着しやすい繊維です。また、毛髪、衣類などが静電気を帯びていると、ミストやにおい分子が付着しやすくなる場合があります。

付着したにおいを除去するには洗い流すのが一番です。分子としてのにおいが付着している場合は、ドライヤーで温風を当てると離れますが、ミストが付着した場合は、温風では簡単に除去できません。

要点BOX
- ●におい分子は、いろいろなものに付着する
- ●毛髪ににおいが付きやすいのはキューティクルというたんぱく質構造に原因がある

紙巻きたばこのにおい

火をつける前 → においは問題にならない

火をつけて喫煙状態　800℃以上の酸化燃焼反応

喫煙
- 一次喫煙 → 喫煙者本人
- 二次喫煙 → 周辺にいる人が煙を吸う
- 三次喫煙 → 付着物からの放散

喫煙後、呼気からもしばらくにおいが出る

煙中に含有される化学物質：約4000種とも言われる

代表的なにおい物質 → ニコチン、アルデヒド類、酢酸、アンモニア、ピリジン、硫化水素、クレゾール、他

布や髪はにおいが付きやすい

エアロゾル

水蒸気○　○たばこ煙　○油煙

付着性が問題!

水蒸気、油煙、たばこ煙のエアロゾル(ミスト)には種々のにおい物質が付着・吸収されている → 毛髪、衣類などの表面に付着する

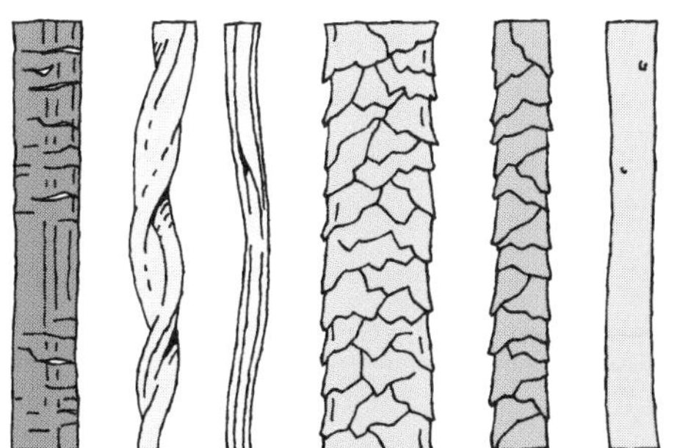

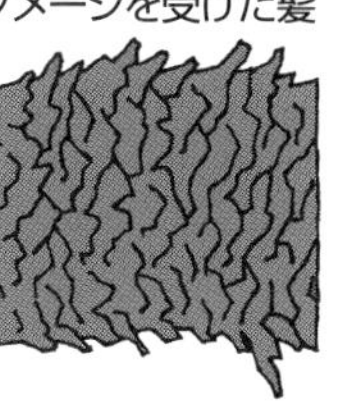

Column

鉄棒のにおいって何のにおい？

多くの人が幼少の時に鉄棒で遊んだ経験があると思います。小学校の体育の授業でも、逆上がりや前回りなどの練習を経験されたことがあるでしょう。鉄棒での遊びとともに記憶にあるのが手に残ったにおいです。あの独特な金属のにおいは、鉄棒の懐かしい思い出とともに皆さんの記憶の中に刷り込まれていると思います。

ほとんどの方々は、あのにおいは鉄棒についている鉄サビのにおいではないかと想像していると思います。でも実際は違うのです。鉄サビとは酸素により鉄が酸化されて生成する酸化物（酸化鉄）のことですが、実は試薬の酸化鉄やその他の鉄化合物のにおいを嗅いでも、あの独特な金属臭は感じないのです。

では、どうしてあのにおいが出るのでしょうか？ その原因は、鉄と手についている皮脂に関係があるのです。試薬の酸化鉄のにおいはしないのですが、それを指でつまんだ瞬間に、あの独特な金属臭を感じるのです。手や指にそのようなにおいがついていたわけでもなく、鉄と手についている皮脂が接触した瞬間ににおい物質が生成したのです。

それでは手についている皮脂とはどのようなものでしょうか？ 皮脂は本来、皮膚を乾燥や細菌の繁殖などから守る役割を果たしており、主にトリグリセリドや遊離脂肪酸、スクワレン、ワックスエステルなどが含まれています。この中の遊離脂肪酸に着目し、どのような脂肪酸と鉄が接触するとにおいが発生するのかを確かめました。生体内に存在する炭素数18の脂肪酸を例にして、不飽和度（二重結合の数）の異なる脂肪酸と鉄との接触実験が行われました。その結果、二重結合の多い不飽和脂肪酸で、独特な金属臭が発生しました。

主体となるにおいの成分は、1-オクテン-3-オンとシス1、5-オクタジエン-3-オンという物質です。これらのにおいの発生に、鉄と不飽和脂肪酸のどちらが大きく関与しているかを確かめるために、それぞれの量を変えて接触させた結果、不飽和脂肪酸の量が多いほどにおい成分が多く生成されました。このことから、独特な金属臭の生成は、手の皮脂の不飽和脂肪酸の量に依存し、鉄は少量存在すれば触媒的に働いてあの独特な金属的なにおいを生成させると考えられます。

第5章

住まいのにおいの正体と対処法

52 気になる家のにおい

住宅内の多様なにおいの原因と対策

家の中で新たなにおいが発生した時には、「細菌・カビ菌の作用」、「加熱・燃焼」、「環境条件の変化による吸着臭の放出」が主要因です。その中で、急激に、においを強く感じた場合には、「細菌・カビ菌の作用」か「加熱・燃焼」が要因であり、ある程度の時間、締め切った状態の後などに、こもったにおいを感じた場合には「吸着臭の放出」が要因と考えることができます。

家の中で感じられるにおいの種類を発生要因別に分類すると、細菌類によるものは「トイレ臭」「カビ臭」「排水口臭」「下駄箱臭」「体臭」「ペットの体臭」などで、加熱・燃焼によるものは「調理臭」「たばこ臭」「暖房器具の燃焼臭」などです。

こうしてみると、家の中には、細菌・カビ類によって発生するにおいが多いことがわかります。細菌類の生息・増殖には、①適度な温度、②水分（湿度）、③栄養（餌）の3条件が大きく関わり、カビ類は3条件に④酸素が必要になります。

細菌類は酸素（空気）を必要とする好気性細菌と酸素を必要としない嫌気性細菌の大きく2種類に分類されます。例えば、生ごみ臭は、栄養分である食材の種類によって発生するにおいが異なるだけでなく、食材の水分量や保存する環境の温度、湿度の環境条件により、においの発生量が変わってきます。

また、袋や蓋付き容器に生ごみを廃棄した場合と、シンク内など空気に触れる状態で放置した場合とで、酸素の影響により発生するにおいが変わります。嫌気性の場合には、腐ったキャベツのようなにおい、腐った卵のようなにおい（酸性物質）の発生が支配的になります。新たなにおいを感じた場合には、まず、家の中で、細菌やカビの餌となる栄養分が存在していないか、高温、高湿になっている箇所はないかなどを点検し、掃除、温湿度制御を実行することがにおい対策の第一歩です。

要点BOX
- 家のにおいの発生要因は細菌類、カビ類の作用
- 細菌、カビの栄養（餌）の除去と温湿度の環境制御がにおい対策の第一歩

住宅内のにおいの発生場所

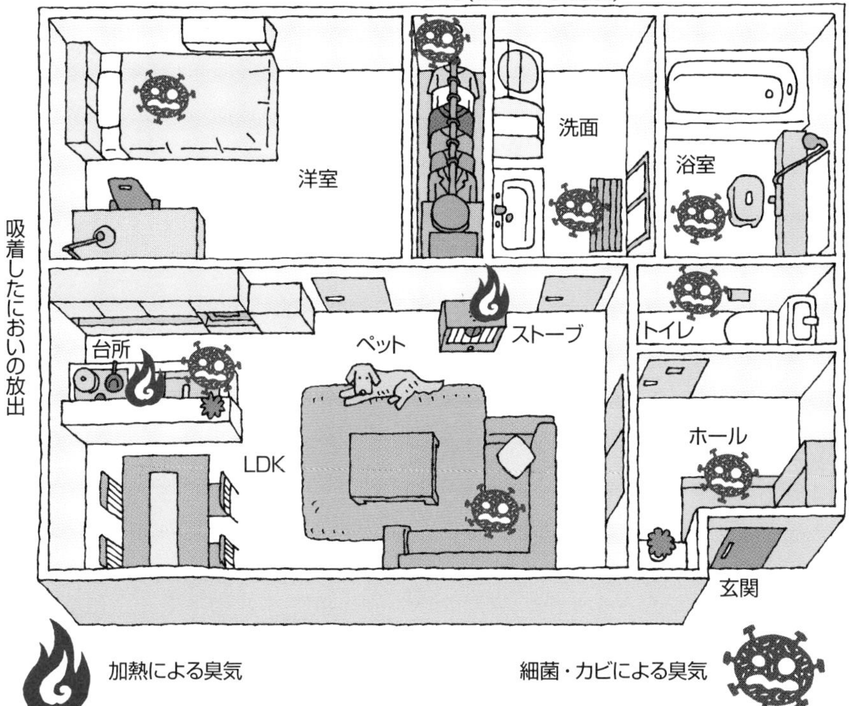

住宅内のにおい対策Q＆A

1.夏と冬、においが気になるのはどちらか?

寒い冬は換気をする回数が減り、こもり臭を感じやすい
高温、高湿の夏は細菌の増殖により強いにおいを感じやすい

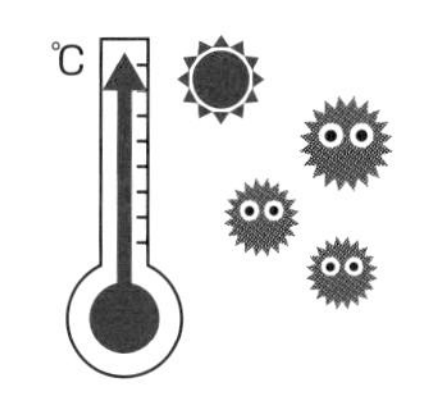

夏は細菌発生

2.においの発生を防ぐには?(細菌とカビの増殖を抑える)

①温度を下げる
②乾燥させる(水分の除去、湿度を下げる)
③細菌・カビの栄養源(汚れ、汗、皮脂など)を除去
④酸素を遮断する(カビの発生防止)

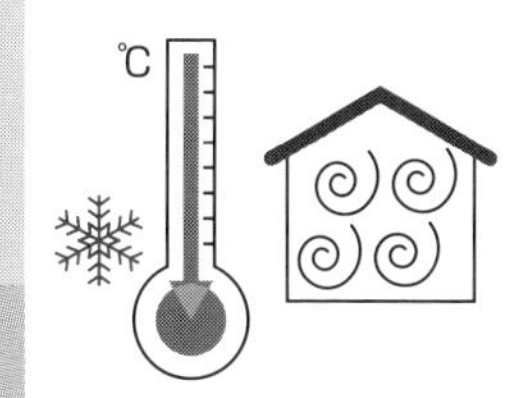

冬は部屋をしめきるため
空気がこもりやすい

3.発生したにおいをどうするか?

換気、消臭、脱臭、感覚的消臭対策

53 玄関に漂う靴のにおい

下駄箱のにおいの原因と対策

家に入る時、最初に通る玄関は「家の顔」とも言われ、においを感じやすい場所です。例えば知人や親戚の家を訪問した時に、その家特有のにおいを感じることがあります。キッチンやリビングなど、別の部屋で発生したにおいが玄関で感じられることもありますが、玄関で発生するにおいで、特に気になるのは靴のにおいです。

靴を履いていると、靴内部は足の汗と体温で高温高湿になり、足の常在菌が繁殖しやすい条件になります。常在菌が、汗や皮脂、角質などの成分を分解して、イソ吉草酸などのにおい成分が発生します。脱いだ後の靴だけでなく、家へ上がるところに敷かれた玄関マットも足の汗や汚れ、においが残り、玄関のにおいの原因になります。

玄関に漂うにおいは、下駄箱に収納している靴も大きな要因になります。長時間履いた靴はすぐに下駄箱に収納せず、玄関とは別の場所で乾燥させてから収納することが、玄関のにおいを効果的に防ぐ手段になります。特に革靴やブーツ類など足全体を覆う靴の場合は、通気性が悪いため湿気がこもりやすく、細菌が繁殖しやすくなります。一般的に細菌は高温高湿の条件で繁殖しやすいため、脱いだ靴をよく乾燥させることで、においの発生を抑えることができるのです。

足や靴下を清潔に保つことはもちろんですが、1足の靴を履き続けず、2足を交互に履くこともにおいの発生防止につながります。使用後、靴の内部に市販のアルコール製剤を直接スプレーしたり、コットンなどに染み込ませて、つま先部分にしばらく置いたりした後に乾燥させると、細菌の繁殖防止により効果的です。しばらく使わない靴の収納には、湿気取りや消臭剤を入れておくとよいでしょう。

下駄箱の掃除や除湿、空気の入れ替えにも注意することが大切です。

要点BOX
- ●足や靴下を清潔に保つことが対策の第一歩
- ●靴は一足を毎日履き続けず、乾燥させてから収納する

足のにおいの原因

1 足の汗で細菌が繁殖

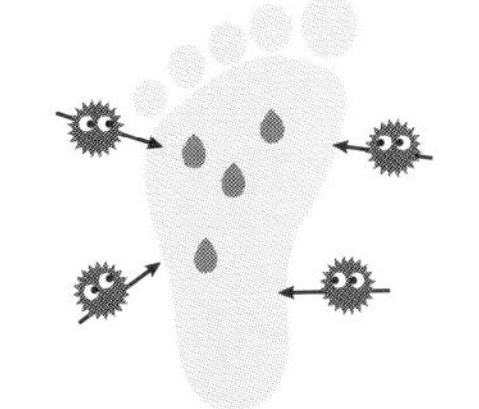

理由

足に角質や汚れがあると細菌の餌になり、足のにおいの原因になる

2 靴の汚れで細菌が繁殖

理由

汚れを放置したまま靴を履くと細菌が足にうつり、足のにおいの原因になる

3 水虫や多汗症の可能性も

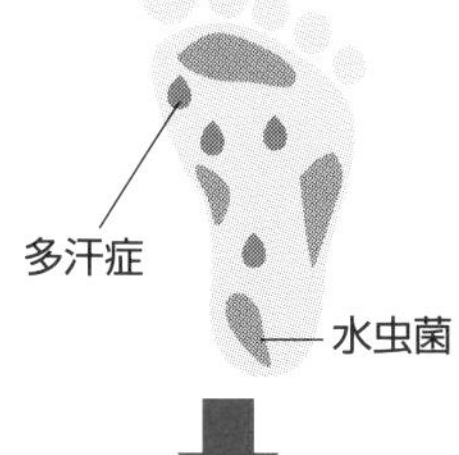

理由

水虫の原因になる白癬菌がつくことで、足の裏に菌が繁殖し、においの原因になる

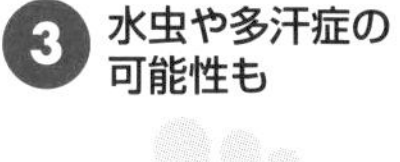

足のにおいの発生する仕組み

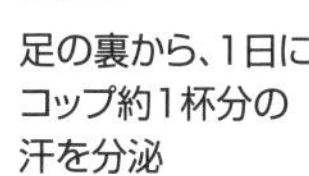

足の裏から、1日にコップ約1杯分の汗を分泌

靴や玄関のにおいを抑える方法

2足を交互に履く

アルコール製剤（殺菌剤として市販）などを直接スプレー

靴の中の湿気を取り去る

アルコール製剤を染み込ませたコットンなどをつま先に置く

汚れを落としてから収納

下駄箱内に空気が滞留しないように、空気の入れ替えを行う

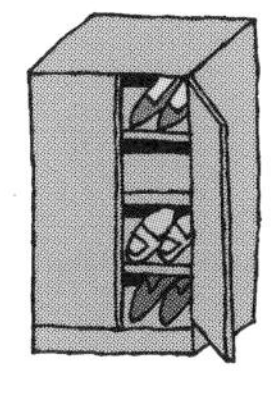

54 台所はにおいの発生源の宝庫

生ごみ、排水口、調理、調味料

台所は、「細菌」と「加熱・燃焼」の両者がかかわる多様なにおいが発生する場所です。調理の過程で出る生ごみおよび排水口、調理時、調理後のコンロや換気扇の汚れ、においの強い食材や調味料などが発生源と言えるでしょう。「排水口臭」、「生ごみ臭」は細菌により、「調理臭」は加熱・燃焼により発生します。生ごみ臭の成分には、主に栄養分が関係しており、魚介類は生臭いアルカリ性物質が、ねぎ類、茶殻などは酸性物質が支配的です。対策に中和反応を用いる時には、においの種類により、用いる成分を変えると効果的(例えば、アルカリ性物質にはクエン酸水、酸性物質には重曹水など)です。

夏季の排水口は、においが発生しやすい条件(栄養、水分、温度)がそろっています。封水を良好に保ち、トラップの掃除をします。トラップや排水ホースの破損もにおいの原因です。排水管は熱に弱いため、お湯をシンクへ流す際には注意が必要です。

加熱・燃焼により発生する「調理臭」対策では、調理用コンロの上に設置されている専用換気扇を上手に活用することが大切です。調理後に残留するにおいを減らすためにも、調理中はもちろん調理後もしばらくは、換気扇を作動させます。また、水蒸気が室内にこもると、カビなどの新たなにおいの発生原因につながりますので、調理中の水蒸気も、局所換気によって速やかに排気を心掛けましょう。コンロや換気扇の油汚れなどには、キッチンまわりでよく使用される弱アルカリ性洗剤や重曹などを用いると、取り除きやすく、においの発生予防になります。

においの強い食材を冷蔵庫や食品庫で保管する際には、においを遮断できる材質の容器、袋、フィルムを使用しましょう(30項参照)。

調味料の液だれは、香料そのものだけでなく、酸化による悪臭の発生にもつながるため、こまめに拭き取ることが大切です。

要点BOX
- ●台所では、細菌と加熱・燃焼の両者がかかわる多様なにおいが発生
- ●においの種類により対策に使用する成分を変更

台所の空間に広がるにおいの原因と対策

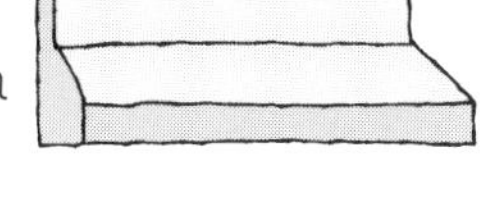
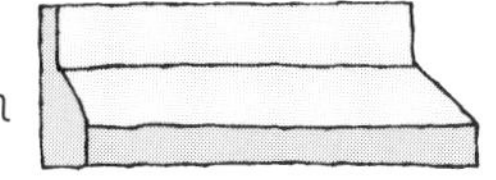

調味料臭

香辛料、香料のにおいの広がり、液だれの酸化により、不快臭が発生
→①しっかりと封をする
②液だれはすぐに拭き取る

調理臭

におい物質が含まれる水蒸気、油煙の広がりにも注意
→①局所換気で速やかに排出
②調理後もしばらく作動
※空気の入口確保が重要

油臭

調理時に飛び散った油の酸化により、不快臭が発生
→酸性物質の除去には弱アルカリ性洗剤、重曹水を使用

生ごみ臭

発生要因と対策	食材	主なにおい
細菌：温度 30〜40℃、湿度 75%以上が増殖の最適条件 →①水分を取り除く ②温度を下げる ③除菌・殺菌	魚	アルカリ性物質
	蟹	
	海老	
	貝類	
	玉ねぎ・青ねぎ	酸性物質
	キャベツ	
	卵の殻	
	茶殻	

排水口のにおいの原因と対策

シンクの排水管構造

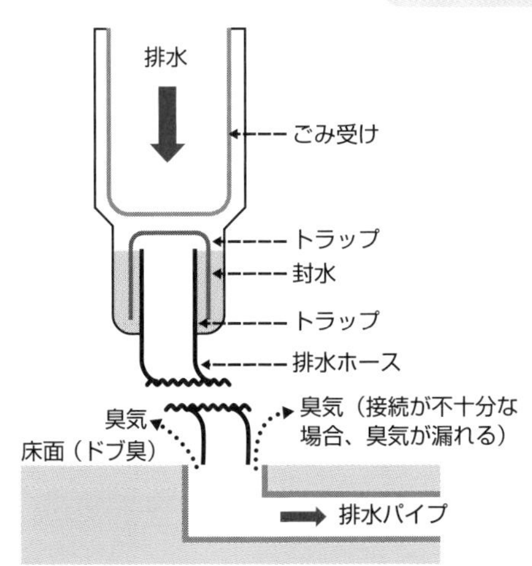

❶下水管からのにおいを遮断するための「封水」の状態を良好に保つ
封水にたまった生ごみ、汚れなどを取り除き、清潔な状態にする

❷トラップを掃除する
トラップに付着した生ごみや油などを市販されている排水管洗浄用の洗剤で掃除する

❸トラップや排水ホースなどが破損していないか確認する（破損により隙間から下水のにおいが上がってくるため）
排水管は 60℃以上のお湯を流すと破損につながることがあるので注意が必要

55 LDK一体型のにおい

キッチン形式、調理熱源にも関係するにおいの広がり

家庭の調理用のコンロは、ガスコンロとIHクッキングヒーターが使われています。ガスコンロは、ガスを使用し火を起こして調理しますが、IHは、電気を使い発電させて調理をするため調理器具に制限があるものの、火災のリスクが小さく、表面がフラットで手入れが楽というメリットがあります。室内空気質の面からは、燃焼による二酸化炭素が発生しない特徴があります。

しかし、調理時のにおいは、ガスでもIHでも発生します。特に、間取りがキッチンと一体になったLDK型であれば、リビングにまで調理臭が広がることに気を付けなければなりません。ガスとIHでは、調理時の食材への火の通り方や調味料の味付けの状態が違ってくると言われますが、発生する調理臭の室内への広がり方にも違いがみられます。

ガス調理では、強い上昇気流が生じ、におい物質も上昇気流に乗り、天井面へ上がり、天井面（高い位置）でキッチンから遠い場所まで流れやすいのが特徴です。一方、IH調理では、ガスほどの強い上昇気流がなく、におい物質が一気に天井面に上がらず、調理台付近の高さに滞留しやすい傾向があります。調理時のにおいの広がり方が異なりますので、レンジフードも熱源に応じたものを選択したほうがにおい物質が効率的に排気できます。

LDK型では、キッチンのレイアウトもにおいの広がり方に関係しています。壁付型オープンは、リビングとの間に壁がなく、空間を広く使用できる一方で、リビングへにおいが流れ込みやすい状態にあります。ペニンシュラ型セミオープンのようにリビングと対面していると、リビングの様子を見つつ、団欒（だんらん）をしながら、調理ができるという利点がありますが調理台（コンロ）がリビングに近く、壁付型セミオープンより、においがリビングへ流れやすい傾向にあります。

要点BOX
- ●ガス調理は強い上昇気流によりにおい物質が天井面へ広がりやすい
- ●IH調理はコンロ台周辺ににおいが滞留

LDKでの調理臭の広がり

ガスコンロとクッキングヒーターの比較

ガスコンロ調理

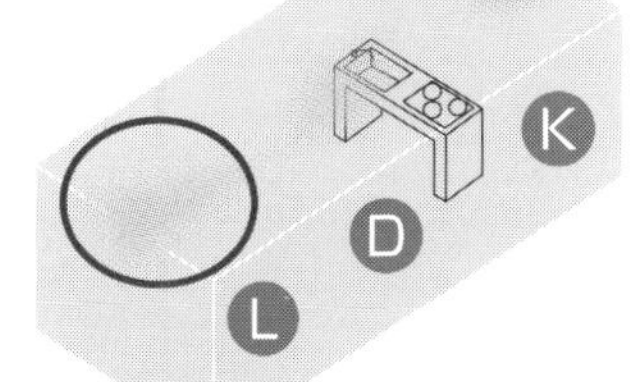

IHクッキング
ヒーター調理

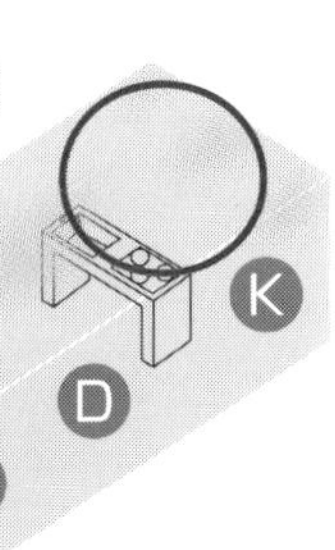

K キッチン　D ダイニング　L リビング　（注）色がにおいが濃いことを示している

（注）棚村ら：人間-生活環境系シンポジウム報告集、31、PP.69-72、2007より

台所形式別のにおいの違い

壁付型オープン

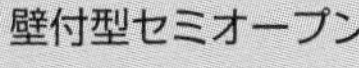

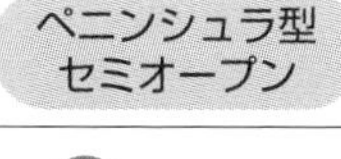

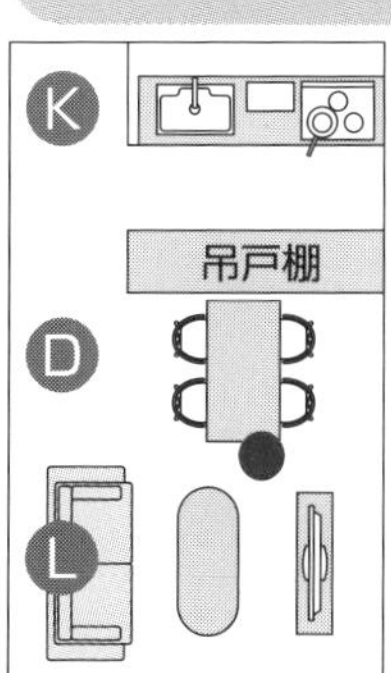

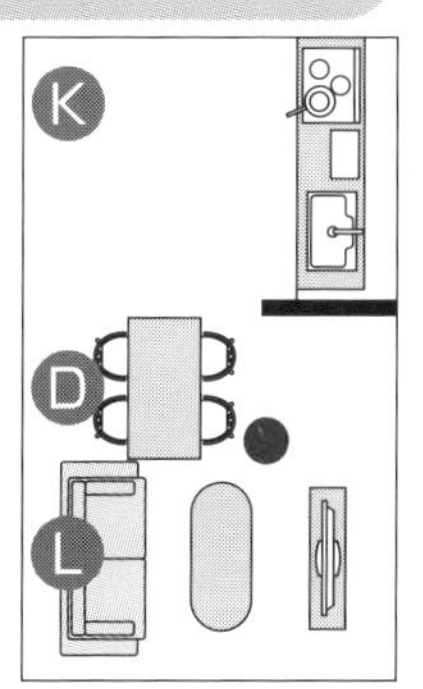

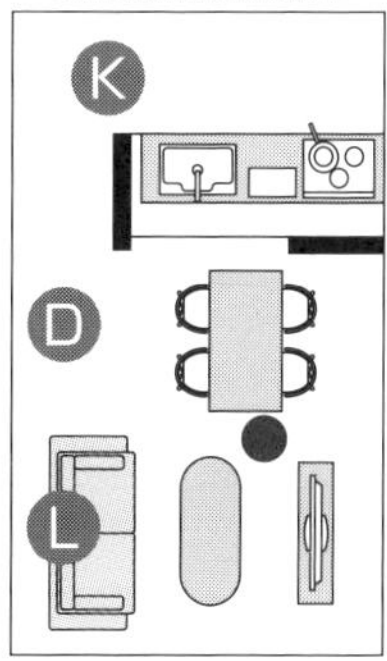

においの採取点

K キッチン　D ダイニング　L リビング

台所形式別の臭気濃度の平均値（調理直後）

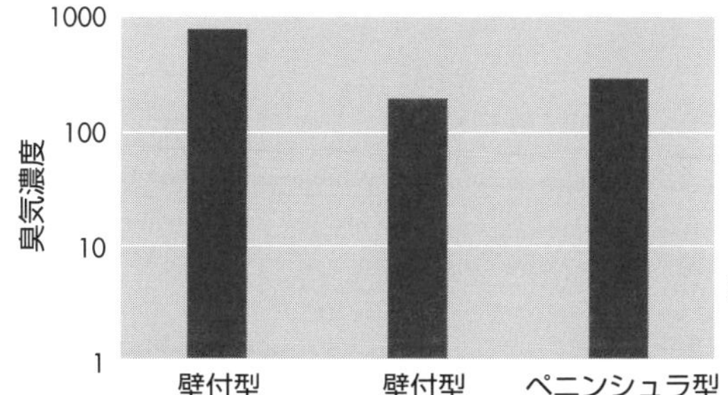

（注）棚村ら：日本家政学会誌、62(5)、PP.289-297、2011より

※臭気濃度：そのにおいを無臭にするまでに必要な希釈倍数で、値が大きいほどにおいが濃いことを表している

56 室内に漂う正体不明なにおい

リビング、寝室に漂う嫌なにおい

リビングに漂うにおいは、キッチンから流れてきた生ごみ臭、調理臭やリビングで発生した体臭、ペット臭などと、それらのにおいが壁、床、天井、ソファ、カーテン、絨毯などに一旦くっ付き、再び放れ出たにおいで構成されています。

調理で発生した水蒸気や油煙がにおい物質を含んで広がると、内装材や家具の表面に接触し、固定されます。そのままであれば、においを感じることはないのですが、室内の温度が上昇すると、におい分子の動きが活発になり、固体表面から離れ（脱着）始め、室内ににおいが漂うことになります。また、人の汗や皮脂などがソファや絨毯に付くと、細菌の作用や酸化により、嫌なにおいの発生につながります。

対策として、においのもとの栄養源の汚れをふき取り、除菌を行い、においを吸着するほこりの除去も重要です。室内に漂うにおいのレベルは、室内の空気が滞りがちな冬に上昇する傾向にあるため、換気も大切です。

寝室に漂う嫌なにおいの発生源の1つに寝具があります。においのもとは皮脂と汗ですが、特に、皮脂が酸化分解されて発生するにおいが原因と言えます。皮脂腺は、寝ている時に寝具につきやすい頭や首筋、背中の中心などに分布しています。

枕のにおいがシーツよりも気になり、夏季に気になりやすくなるのは、皮脂は皮脂腺の発達している頭皮から暑い時に多く分泌されるためです。枕カバーのにおいは、洗濯によって取り除くことができますが、枕にまで染みつくことがあります。素材によって洗濯できない場合には、こまめに陰干しをして乾燥させるようにしましょう。

また、洗髪後、よく乾かさずに寝てしまうと、枕が湿気を帯び、細菌が繁殖しやすく、強いにおいが発生する要因になるため注意が必要です。

●環境条件の変化により、内装材や家具に吸着したにおいが脱着して室内に漂う
●枕のにおいは皮脂の酸化分解が主要因

室温によるにおいの変化

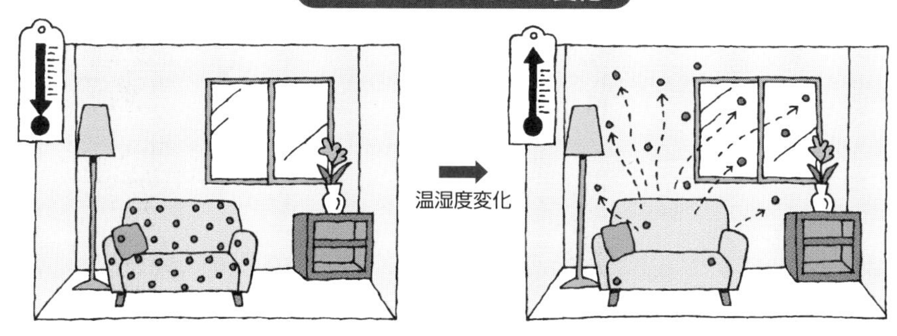

LDKで感じられる季節別のにおいの強さと不快度の平均値

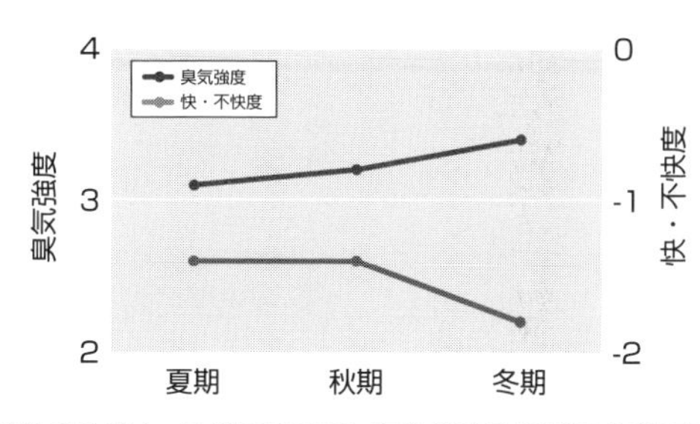

※40軒の住宅(一戸建て20軒、集合住宅20軒)での調査結果(評価者は、嗅覚選定試験に合格した6人)
室内全体の換気が行われにくい冬季が、においが強く、不快になりやすい

(注) 棚村ら：日本家政学会誌、62(5)、PP.289-297、2011より

寝室の嫌なにおいの原因

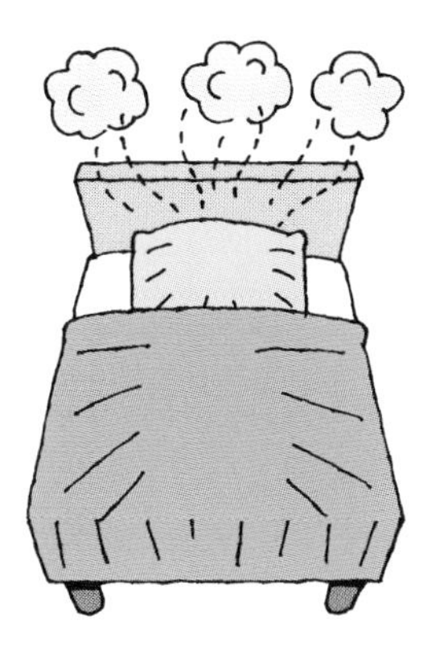

皮脂腺が主に分布する背中側の部位

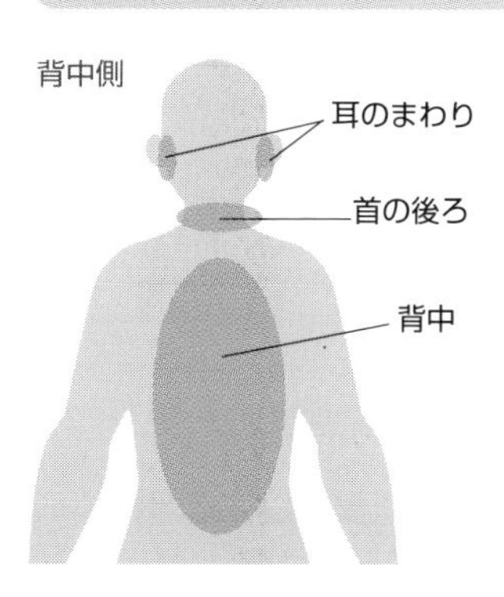

57 収納スペースのにおい

クローゼットや押し入れにこもるにおいの対処法

収納スペースのにおいには、収納スペースの環境条件・使い方と収納している寝具や衣類などがかかわっています。前者は、カビ臭の発生に関係しています。カビ臭に関係する現象として結露（空気中の水蒸気が水滴になる）があります。結露は、「温度」と「湿度」の条件で起こるため、温度、湿度の制御が大切です。例えば、温度が25℃で相対湿度50％の状態から、急激に冷やされて温度が14℃になると、相対湿度100％となるため結露が始まります。

結露を起こさないようにするには、湿度を下げ、温度の低い部分を作らないことです。収納スペースは、温度調節がしにくい場所であり、特に冬季には暖房の熱が届きにくい場所でもあります。水蒸気を多く含んだ暖かい空気が収納スペースに流れ込むと、内部でその空気が冷やされて結露を起こします。水蒸気を多く含んだ空気が収納スペースに流れ込まないように気を付け、湿気が滞らないように、収納スペースも換気をするようにしましょう。

季節の変わり目に、その季節の寝具、衣類を取り出して使用する時に、においを感じることがあります。これは、繊維中に残っていた汚れ（皮脂など）が、収納している間に細菌によって分解され、嫌なにおいとなって寝具、衣類に蓄積されていたためです。このにおいも収納スペース内のにおいの要因となります。そのため、寝具や衣類を長期間収納する場合には、汚れ（細菌の栄養）は付け置き洗いなどで念入りに落とし、速やかに完全に乾かしてから収納しましょう。

この他、衣類の生乾きのにおいや外出先で付いたにおいを対策せず、そのまま収納すると、収納スペース内のにおいの要因になります。また、寝具や衣類を隙間なく詰め込むと、空気が滞り、細菌が繁殖しやすくなるため、空気の循環が起こるように適度な隙間を設けることも必要です。

要点BOX

- ●収納空間のカビ臭対策は結露の防止が第一歩
- ●水蒸気を多く含んだ暖かい空気の流入に注意
- ●長期収納時には汚れ落としと乾燥に特に注意

結露が発生する条件（温度と湿度の関係）

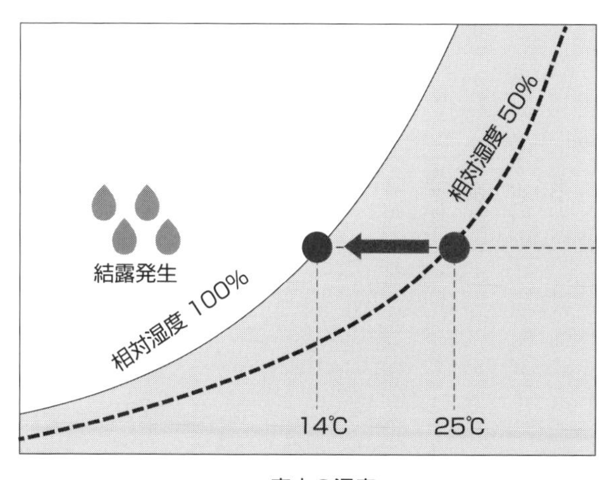

例えば、25℃50%の
温度が 14℃以下になると、
結露が起こる

収納スペースのにおい対策

においの原因①

結露によるカビの発生

原因：水蒸気を多く含んだ温かい空気が
押し入れで冷やされる ⇨ 結露発生

対策：温度の低い部分を作らない
⇨ 換気をする

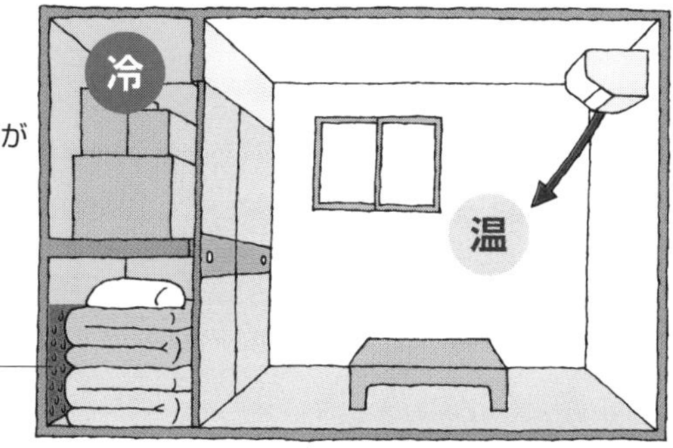

においの原因②

繊維中に残っている汚れ

しまい込んだ衣類を出してみた ⇨ 何かにおう！

原因：衣類に皮脂が残留 ⇨ 徐々に不快臭へと変化

対策：洗濯時に皮脂汚れを落とす
細菌の働きを抑える

⇨ 対策の例
・洗濯時に漂白剤を使用
（色落ちに注意）
・付け置き洗いを行う

⬇

原因菌 ⇨ モラクセラ菌

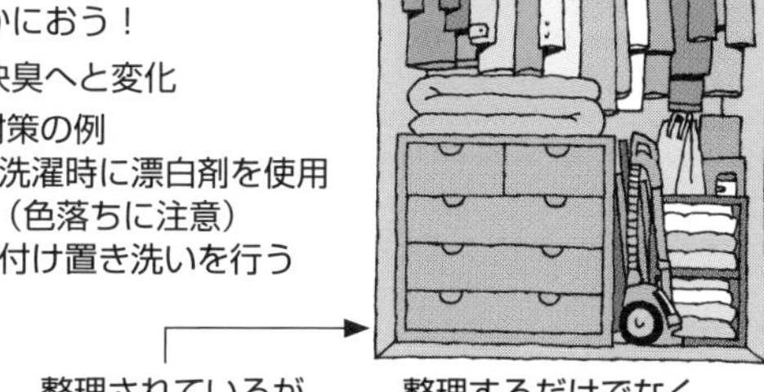

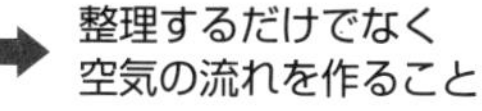

58 水回り空間特有のにおい

浴室、洗面所、水回り空間で発生するにおいの原因と対策

多くの住宅では、浴室や洗面所、洗濯機の排水口などの水回り空間が、同じ場所にまとまって配置されているのではないでしょうか。このような空間では、特有の不快臭を感じることがあります。毎日のように使用する浴室や洗面所、洗濯機の水回り空間は、汚れやすく、湿度が高い環境です。また、換気扇（排気ファン）が設置されていることが多く、家中のほこりを集めやすい場所でもあります。

浴室や洗面所の排水口には、汗や皮脂などの汚れや抜け毛、身体を洗う時に使用するボディソープやシャンプーなど、においのもとになるものが流されます。これらの一部が排水口に残り、汚れやカビの原因になります。洗濯機の排水口も、洗濯排水が汚れやカビの発生につながり、カビ臭の原因になるのです。

排水管には封水があり、管から逆流してくるにおいを封じる役目をしていますが、長時間排水しなかったり、気温が上昇して封水が蒸発してしまったりした場合、下水のにおい（ドブ臭）が排水管を通って上がってくることがあります。このドブ臭の主成分は、硫化水素などの酸性物質です。

浴室で見られる白っぽい汚れの石けんカス（金属石けん）は、水道水に含まれるカルシウムやマグネシウムと、ボディソープや石けん成分とが結合したものであり、皮脂などの汚れとともに、床や壁に溜まり、時間が経つと酸化して脂っぽくて汗臭い不快臭になります。

浴室は、カビが繁殖するための温度・水分・栄養分である汚れが揃っている環境です。また、浴室内は湿度が高くなるため、換気扇や浴室乾燥機のフィルター上は、ほこりとともに、細菌・カビなどが増殖しやすい状態であり注意が必要です。

水回り空間のにおいを防ぐには、排水などの汚れや石けんカス、カビを除去するとともに、可能な限り水分を除去し、換気を行うことが有効です。

要点BOX

- ●水回り空間特有のにおい発生原因は複数ある
- ●排水管の汚れ、石けんカス、カビを除去し、清潔を保つことが大切

排水管の種類

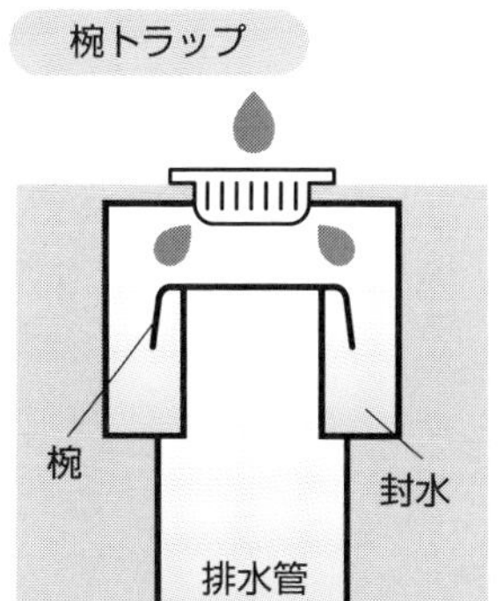

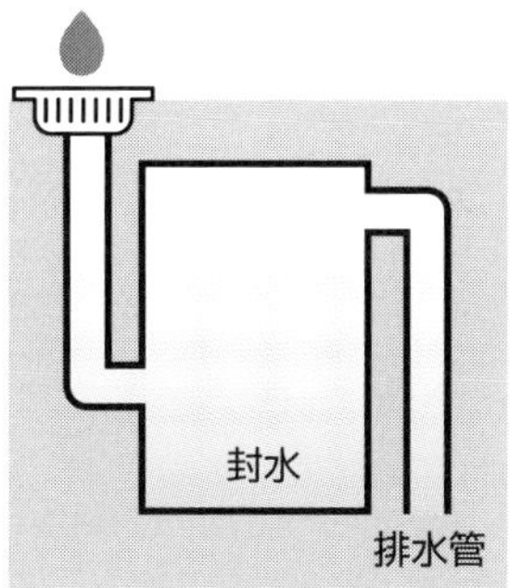

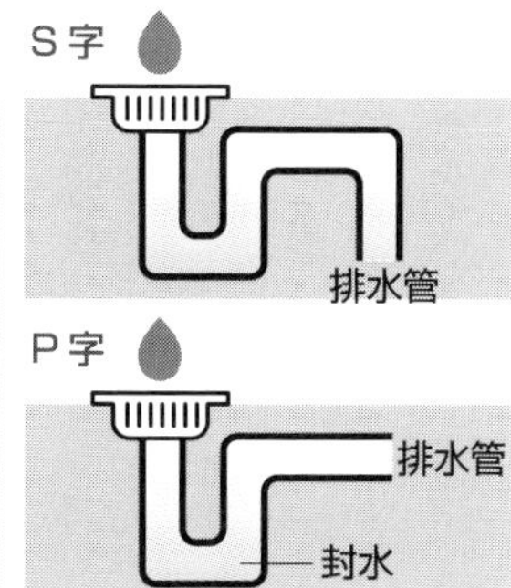

浴室のにおいの原因と対策

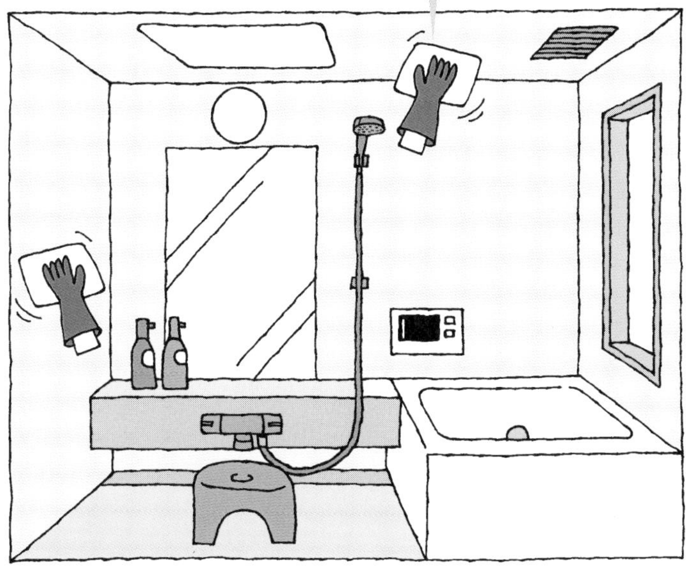

対策

- 発生場所を特定する
- 掃除に加えて、除菌もする
- 適切に換気をする

59 やはり気になるトイレのにおい

アンモニア臭にどう対処する？

日本のトイレは世界一と言われるほど、優れているようですが、排泄場所としてのトイレのにおいは、やはり気になるものです。トイレのにおいとして気になる排泄物臭には、糞便臭と尿臭があります。

糞便臭はインドール、スカトール、アンモニア、硫化水素、酢酸、酪酸、揮発性アミン類などと言われていましたが、現在では、メチルメルカプタン、硫化水素、硫化メチルなどの硫化物であると言われています。尿臭は、尿素、尿酸、クレアチニンなどが酸化、細菌、酵素の作用などで分解して発生する、アンモニア、短鎖脂肪酸類、ケトン類であると言われています。

和式か洋式かの便器型式では、和式のほうが排泄物の露出が多くなることから、においがトイレ空間内により多く放出されることになります。近年の洋式トイレは脱臭機能なども付加されており、におい対策が充実していますが、それでもにおいが気になることがあります。そのにおいの原因の1つが、飛び散った尿です。

排泄により、無数のしぶきが便座の裏側や壁・床にまで飛び散ります。また、洋式トイレでは蓋をして流さなければ、床や壁にもしぶきが飛び散ります。排泄直後はにおいがそれほど強くはありませんが、そのまま放置すると、尿に含まれるカルシウムなどの成分が、やがて尿石へと変化します。そこに細菌が増殖し、アンモニアが発生します。床、壁などへ飛散した尿や水しぶきによって、アンモニア以外のにおいも発生します。尿や水の飛び散りは、すぐに拭き取ることが大切で、合わせてアルコールによる殺菌を行うと効果的です。

トイレ空間は、便器だけではなく床や壁の清掃、マットなどの洗濯により清潔を保つことが大切です。アルコール殺菌や換気、におい対策と空間演出のための消臭芳香剤の使用もよいでしょう。

●においの原因の1つである飛散した尿の掃除やアルコール殺菌が対策として有効
●換気や消臭芳香剤の使用も効果的

トイレのにおいの原因と発生場所

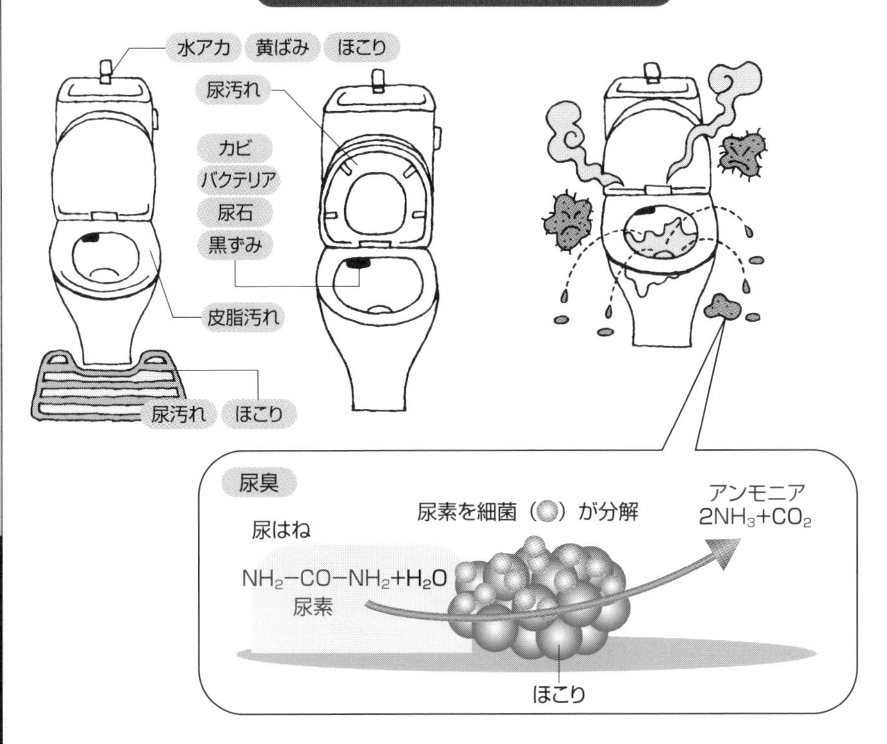

トイレのにおい（排泄物臭）の対策

1. 糞便臭　直後の臭気が問題

代表成分：インドール、スカトール、アンモニア、硫化水素、揮発性アミン、酢酸、酪酸などと言われていた

現在では、メチルメルカプタン、硫化水素、二硫化メチル、三硫化メチルなどの硫化物

➡ 市販エアゾル消臭剤が有効

2. 尿　飛び散り（流すときの水しぶきも含む）
細菌による分解で不快臭が発生

代表成分：尿素、尿酸、クレアチニン他

⬇ 酸化・細菌・酵素の作用

アンモニア、短鎖脂肪酸類、ケトン類が生成

➡ すぐに拭き取る ＋ アルコール殺菌が効果的

Column

AIで好きなかおりのレシピが作れるか？

ＡＩ（Artificial Intelligence）、日本語訳は人工知能です。近い将来、ＡＩが個人向けに一点物のかおりレシピを提案する時代がやって来るでしょう。そのような考えの基盤となっているのが、嗅覚受容体における活性化（アゴニスト）・不活性化（アンタゴニスト）の理論です（8項参照）。

嗅覚受容体では、におい分子をキャッチした時に、受容体たんぱく質に隣接しているＧ-たんぱく質の挙動が、重要になります。Ｇ-たんぱく質が受容体たんぱく質に結合した時（①）に、嗅繊毛細胞膜にあるイオンチャネルが開き、外部からCa^{2+}が入り電位はプラスに変化します。この現象が受容体の活性化です。

しかし、におい分子をキャッチしても、Ｇ-たんぱく質が受容体たんぱく質と結合しない場合があります（②）。この現象が不活性化です。

この場合、におい分子が受容体にキャッチされているにも関わらず、イオンチャネルは開かずCa^{2+}は細胞内に入ってきません。したがって、電位の変化は発生せず、脳への情報伝達も生起しません。脳は、においの認識をしないのです。

現在、分子ごとの約４００種の受容体に対する活性化・不活性化が研究され、詳細がわかってきています。特に注目されるのが不活性化です。個々のにおい分子が、どの受容体に対して不活性化として作用するのかがわかると、不活性化として作用する分子の有無で、新しいかおりを作ることが可能になります。

これまで、受容体のメカニズムを考慮して、かおりの処方が作られることはありませんでした。例えば、バラのかおりを調合する場合、これまでは調香師の裁量に掛かっていましたが、ＰＣにおい分子の活性化・不活性化の情報を入力すると、さまざまなレシピがアウトプットされます。その中から、自分好みのレシピを選択し、自分だけのバラのかおりを作り出せる時代がやって来るのです。

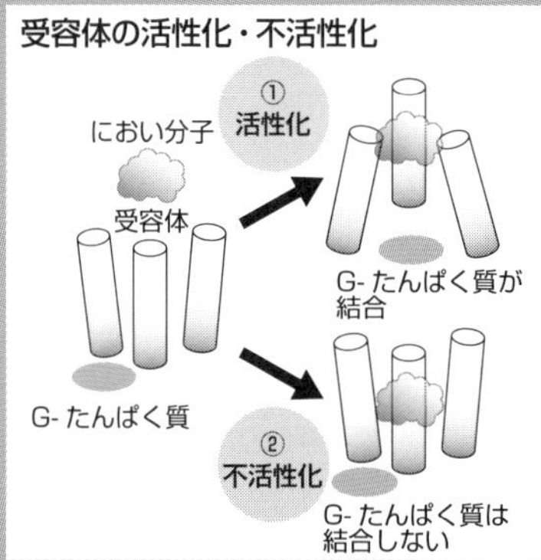

第6章

周辺環境、乗り物、施設のにおいの正体と対処法

60 悪臭苦情の変遷

におい問題の移り変わり

高度経済成長期には、立て続けに公害問題が起こり、屋外の「におい」と言えば、「悪臭」であり、健康被害につながるものとして受け止められていました。悪臭は、典型7公害の1つとされ、1971年、世界に先んじて悪臭防止法が制定されました。1960年代から苦情として多かった工場や、畜産業のにおいは、その後、悪臭対策の実施や、工場などの廃業、移転により減少していきました。

1993年までは、悪臭苦情件数が減少の一途を辿りましたが、その後、野外焼却のにおいなどが苦情対象となり、2003年には件数が約2万5000件にのぼりました。サービス業や個人・アパートからのにおいなどの苦情も増え、苦情内容がかつての特定発生源から都市・生活型へと変化したのです。苦情内容が限定的なものではなくなったことから、複合臭（さまざまなにおい物質が混ざり合ったにおい）に広く対応できるように、悪臭防止法の改定も行われました。これまでの特定悪臭物質による規制（機器分析による1つずつのにおい物質の濃度の測定）だけでなく、人の嗅覚による測定方法を用いた規制が導入されたのです（1995年改正）。その後、嗅覚測定業務に従事する者の資格として臭気判定士制度が導入されました（2000年改正）。

2001年には、環境省が「かおり環境」という新しい考え方を取り入れました。屋外には、悪臭だけでなく、かおりもあるということを改めて認識する契機になりました。この時に、全国100か所の「かおり風景」が選定されています。時代とともに、苦情対象も変わってきています。かつては誰しもが嫌悪を抱く悪臭問題であったものが、今では、におい感覚の個人差も関係して生じるにおい問題になってきたと言えるでしょう。昨今のにおい問題には、一人一人のにおいに対する意識の向上とより細やかな対応が重要になってきています。

要点BOX
- ●悪臭苦情対象は、特定発生源から都市・生活型へと変化
- ●複合臭測定のために嗅覚測定法の導入

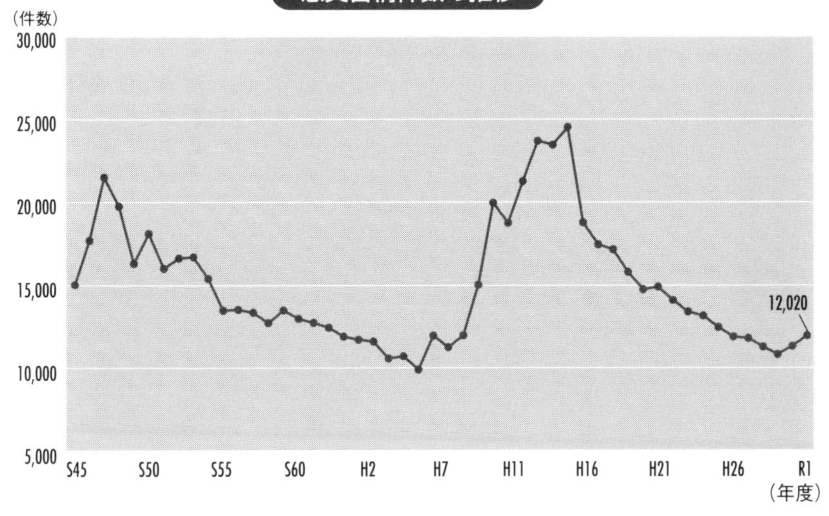

(注)当該年度発生分のみ集計

(参考文献)環境省ホームページ：悪臭防止法等施行状況調査結果

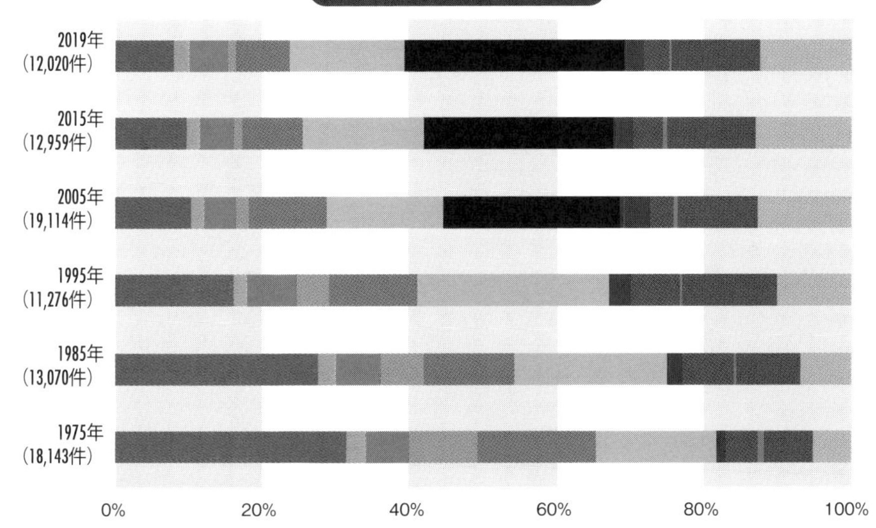

(参考文献)
環境省ホームページ：悪臭防止法等施行状況調査結果
石黒辰吉：臭気問題の現状と課題、環境技術、20（5）、pp.2-7、1991

61 気になる屋外のにおいの正体

苦情の対象ではなく、日頃、屋外で意識されているにおい（自由記述方式、1990年調査）としては、「花のにおい」が最も多く、他に「排気ガス臭」「近所の調理臭」「ごみ焼き臭」「ペット臭」「側溝臭」「ごみ集積場のにおい」などがあげられています。2000年の調査でも、「畑の肥料臭」「飲食店からのにおい」が加わった程度でほとんど変化はありません。苦情と同じにおいもありますが、最も多いのが「花のにおい」であり、屋外で悪臭だけが意識されているわけではないことがわかります。

ところで、屋外のにおいを意識する場面に、外干しした洗濯物を取り込む時があるのではないでしょうか。晴れた日によく乾き、ふんわりしたタオルやシーツから独特のにおいが感じられることがあります。「おひさまのにおい」「草木のにおい」などと表現されます。洗剤の残留物や落ちなかった皮脂が、日光により化学反応を起こし、アルデヒド類やアルコール類、脂肪酸類が発生したことが原因とされています。微量では、果物や花のにおいに感じられるオクタナール、ノナナールなども含まれています。

一方、洗濯物の取り込みが遅くなった時に、洗濯物から生臭さを感じることがあります。天気は晴れのままでも日中と夜間では、湿度が50％程度から、梅雨時期と同程度の70～80％に変化する場合があります。夜まで干し続けると、一旦乾いた洗濯物でも湿り気を帯びて細菌が繁殖し、生乾き臭の原因となります。生乾き臭を作り出すモラクセラ菌は熱に弱いため、生地によりますが、再洗濯する際には60℃程度のお湯に20分程浸け置きして洗濯すると除菌でき、においを防ぐことができます。

川や湖、海の近くなどに洗濯物を干す場合にも、風向き、湿気の影響に注意が必要です。洗濯物のにおいは、屋外のにおいの付着の他、洗濯後の残留物と屋外の環境が作り出すにおいもあるのです。

要点BOX
- ●屋外では心地良いかおりも意識されている
- ●外干しの洗濯物のにおいは、洗濯後の残留物と屋外の環境が作り出すこともある

生活環境のにおいに対する意識調査結果

周辺環境で感じられるにおいに関する自由記述

自由記述されたにおい	回答率(%)
花のにおい	22
排気ガス臭	15
近所の調理臭	14
ごみ焼き臭	11
ペット臭	9
側溝臭	8
ごみ集積場の臭気	8

周辺環境のにおいを感じると回答した人に対する各においの回答率を示している

（注）光田ら：家政学研究． 38(2),PP.116 ～ 126,1992 より

外干しした洗濯物のにおい

62 屋外のにおいの規制基準

どこまでにおいを低減すればよい？

悪臭防止法の規制対象は、規制地域内のすべての工場・事業所であり、規制基準は、①特定悪臭物質（現在22のにおい物質が指定）の濃度、または②臭気指数（嗅覚を用いた測定法による基準）で、都道府県知事、政令指定都市、中核市、特例市、および特別区の長が、①または②のどちらかの規制手法により、1～3号の規制基準を定めるとされています。

1号規制基準（敷地境界線）では、工場や事業場の建物からの悪臭の漏えいなどを規制し、近隣居住者の生活環境を保全します。1号規制が決まると、これを基準にして気体排出口での2号規制基準、さらに排出水に係わる3号規制基準を定めることができるのです。

規制手法は、悪臭防止法が施行されてから1995年までは機器分析法（におい物質濃度規制）でしたが、1996年からは機器分析法と嗅覚を用いた測定法（臭気指数規制）のどちらかを採用することになりました。

6段階臭気強度尺度（13項参照）で、2.5（弱いにおいと楽に感知できるにおいの間）、3.0（楽に感知できるにおい）、3.5（楽に感知できるにおいと強いにおいの間）に対応する特定悪臭物質濃度または臭気指数が、敷地境界線の規制基準の範囲として定められています。

臭気濃度とは、においを無臭の清浄な空気で希釈した時、ちょうど無臭になるまでに必要な希釈倍数のことです。臭気濃度1は、そのままで無臭であり、臭気濃度10とは、そのにおいを無臭の清浄空気で10倍に希釈した時、においが感じられなくなるにおいということになります。法律で臭気濃度ではなく、臭気指数を用いるのは、におい感覚が刺激強度（におい物質濃度や臭気濃度）の対数に比例（13項参照）するため、臭気指数のほうが感覚に対応し、悪臭被害状況を把握しやすいというのが理由です。

要点BOX

- 悪臭防止法による規制基準は、事業場の敷地境界で決まる
- 敷地境界の臭気強度が2.5～3.5が基準

悪臭防止法が制限していること

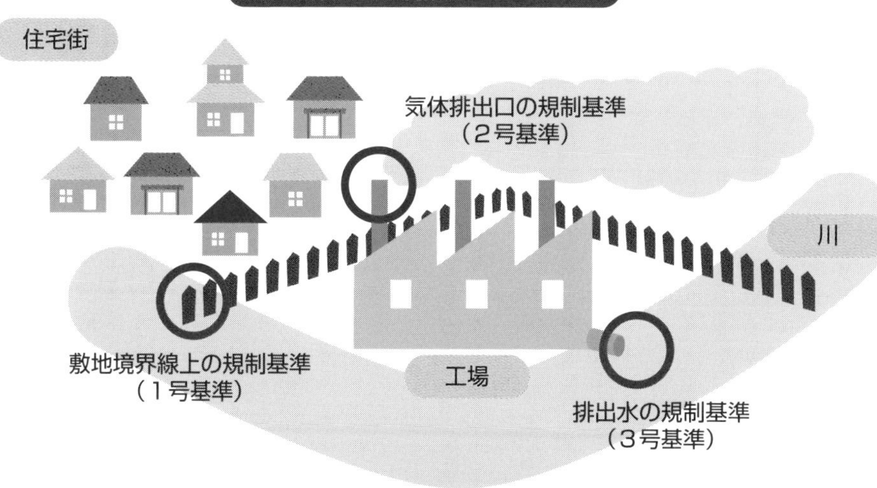

屋内の悪臭の臭気強度と臭気指数の関係（目安）

臭気強度	2.5	3	3.5
臭気指数	10～15	12～18	14～21
臭気濃度	10～32	16～63	25～130

各臭気強度に対応する臭気指数に幅があるのは、においの種類によって臭気強度と臭気指数の関係が異なるためである

臭気指数＝10×log（臭気濃度）

臭気濃度＝$10^{(臭気指数／10)}$

出典：臭気強度に対する臭気指数（目安）は臭気指数規制ガイドライン（環境省）

臭気濃度

臭気濃度1とは？

＝　無臭

※希釈しなくてそのまま嗅いでも無臭

臭気濃度10の時のイメージ

※無臭の清浄空気で10倍に希釈すると無臭

無臭の清浄な空気　臭気濃度10のにおい

63 季節、天気によってにおいが変わる？

環境要素とにおい

季節や天気によって、屋外のにおいが違いませんか。晴れの日は、地表が暖まり、空気が膨張し、上昇気流が生じやすいため、においは上昇気流に乗り、上空へと流れていきます。曇りの日は、それほどの上昇気流がないため、低い位置でにおいが漂いやすくなります。また、日中と夜間、季節によって風向きが変わるため、においの発生源の位置の関係でにおいの感じ方が変わります。

雨が止んで晴れてくると、水滴の蒸発とともにそこに含まれる物質が漂い始めます。また、雨の間は気温が低く、発生源からのにおい物質の揮発（常温で液体から気体へ変化）が抑えられていても、気温が上昇すると揮発しやすくなります。雨や曇りが続き、高湿に保たれると、細菌の働きにより腐敗臭などが発生し、気温の上昇とともに、漂い始める状況が生まれます。

周辺環境で感じられる「花のにおい」は、季節で花の種類が異なるため、当然、においも季節によって変わります。また、同じ植物でも、季節で含有成分が異なることも確認されています。

暑さ寒さの感覚が、におい感覚に影響することもあります。木のにおいのα-ピネンが存在する空間で環境全体が「不快」と感じられる、臭気濃度（におい）と室温（暑さ寒さ）の組合せを表に示します。この表の中では暑かったり寒かったりする時には、におい（臭気濃度）を低レベルに抑えなければ空間の環境を「不快」に感じやすく、おおよそ中間期の室温25℃の時には、においのレベルが高くても空間の環境を「不快」に感じにくいと言えます。

体感や視覚情報から季節を感じると、その季節のにおいを思い出し、におい感覚が蘇ることもあります。環境条件（気温、湿度、風の流れ）、季節、天気でのにおい発生源の状態の違い、体感や記憶などが絡み合い、においの感じ方に影響を与えます。

要点BOX
- ●晴れの日は上昇気流に乗りにおいが上空へ、曇りの日は低いところで漂いやすい
- ●暑さ寒さの感覚がにおい感覚にも影響する

天気とまちのにおいの関係

晴れた日は、地表が暖められて上昇気流があり、においが上空へ流れやすい

曇りの日は、まちににおいが漂いやすい

室温とにおいの関係

その環境を「不快」と感じる
室温と臭気濃度(木のにおいとされるα－ピネン)の組合せ

室温(℃)		臭気濃度	
	17	110	●
冬季推奨室温	20	200	
	25	400	★
夏季推奨室温	28	150	
	30	100	●

●暑かったり寒かったりするとにおいが低濃度でも空間の環境を「不快」に感じやすい
★中間期の25℃の時はにおいが高濃度でも「不快」に感じにくい

(注) 光田ら：人間工学 ,51(3),PP183-189,2015 より

64 自動車室内のにおい

実はにおいが濃縮された場所

身近な乗り物である自動車の室内には、さまざまなにおい発生源が存在します。車室内のにおいを発生源ごとに分類してみると、住宅内のにおいとよく似ていることがわかります（上図）。

自動車を取り巻く環境は走行によって目まぐるしく変化し、外気が清浄な空気の時もあれば、排気ガスなどが漂っていることもあるでしょう。走行中、窓を閉めていても隙間などからにおいが侵入し、外気導入の場合にはよりにおいが取り込まれます。

買い物や喫煙をすると、そのにおいが車内へ持ち込まれます。住宅よりも狭い空間ですので、油や香辛料などがふんだんに使われた飲食物のにおいや喫煙によって衣類、頭髪に付着したにおいは、より強く感じられます。自動車内は温度の変動幅が大きく、夏季には70℃ほどの高温になることもあります。住宅と同じものを車室内に置いた場合でも、におい物質が揮発しやすく、強いにおいが感じられます。

エアコンからのにおいは、特に、夏季にエアコン内の環境が細菌やカビの繁殖に最適な温湿度になりやすいことが原因で発生します。住宅では、エアコンの風が直接、鼻先を通過することはほとんどありませんが、自動車の場合、運転席や助手席ではエアコンの風が顔に近い部分を通過しやすいため、よりにおいに敏感になります。

外気や車室内で発生したにおいの一部は、残留し、内装材へ吸着します。そして、温湿度変化により再放散し、車室内の新たなにおいとなります。

近年、エアコン内部を抗菌する技術や内装材に付着したにおいを除去する技術が自動車用として展開されています。自動車室内は、住宅と同じようなにおいの発生源があり、自動車特有の環境条件や発生源との距離の関係などからにおいを感じやすい空間と言えます。におい発生源の管理に注意を払い、降車時には残留臭の排出を心掛けることが大切です。

●自動車室内には、住宅内同様、さまざまなにおいの発生源がある
●住宅よりも環境条件の変化が大きいことに注意

自動車室内のにおいの発生源

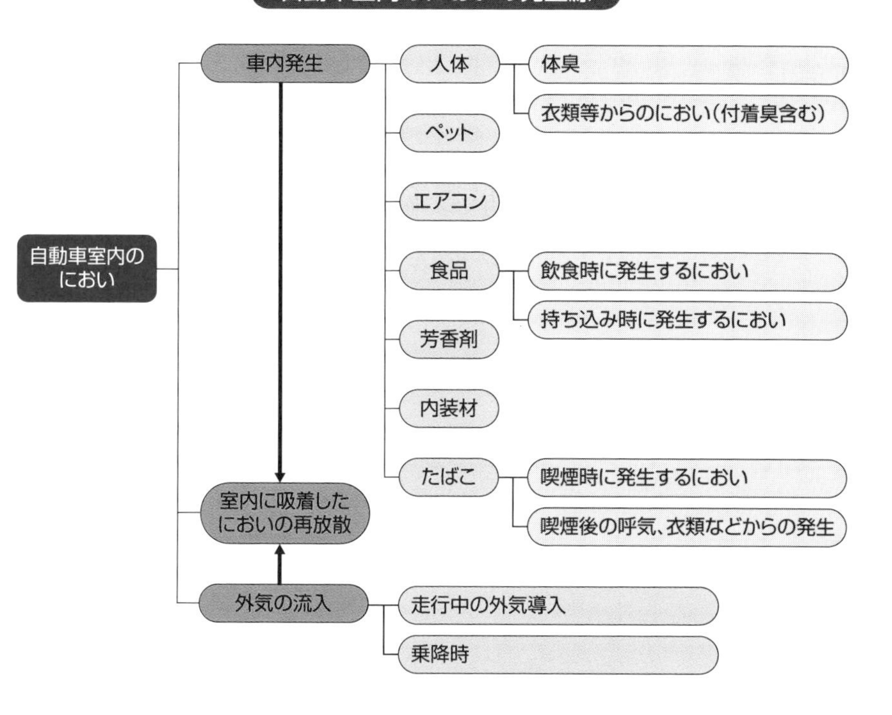

自動車室内のさまざまなにおい

65 病院・高齢者施設のにおい

医薬品のにおいだけではない!

病院と言えば、「医薬品のにおい」のイメージがありますが、病室でにおい対策の対象とされるのは、「排泄物臭」「体臭」「処置・治療関連のにおい」などです。超高齢社会で介護とも関係する「排泄物臭」「体臭」の対策は重要です。

おむつ交換時に発生するにおいを容認できる状態まで低減するには、排泄物の状態にもよりますが、57・5㎥／分の換気量が必要です。レンジフードの換気量が400〜600㎥／時間（6・7〜10㎥／分）程度ですから、いかに大きな数値かがわかります。においが広がってから対策をするのは難しいため、発生源付近で、空気清浄機などを用いてにおい物質を除去するか、局所換気により速やかに排出するのが効率的です。使用後の紙おむつやパッドは、丸めてから袋に入れ蓋付き容器に入れるか、ガスバリア性の高い袋に入れるとよいでしょう（30項参照）。

体臭と思っていたにおいが、衣類やシーツが原因ということもあります。目立った汚れがなくても、早めに交換するように心がけましょう。尿がベッドに付いてしまうと、時間経過とともににおいが強くなるため、素早く拭き取り、エタノールスプレーによる殺菌を行うと効果的です。尿漏れが気になる場合には、防水シーツを活用するとベッドへの尿の染み込みを防ぐことができます。身体と口腔内のケアは、におい予防だけでなく、健康のためにも必要です。介護される方それぞれにあったケアを取り入れて、清潔に保つことが大切です。

芳香剤などの活用時には、入居者・介護者双方の好みのかおりを用いるとよいでしょう。介護空間は、1部屋で「食堂」「寝室」「サニタリー」の役目を果たすことが多く、においの発生源が多様であるため、築年数とともに、空間のにおいのレベルが上昇しがちです。強いかおりが長時間漂い、吸着しないよう適度な濃さでかおりを用いましょう。

●おむつ交換時には局所換気や近傍での空気清浄機の使用が有効
●介護空間は多様な役割を持ち、発生源も多様

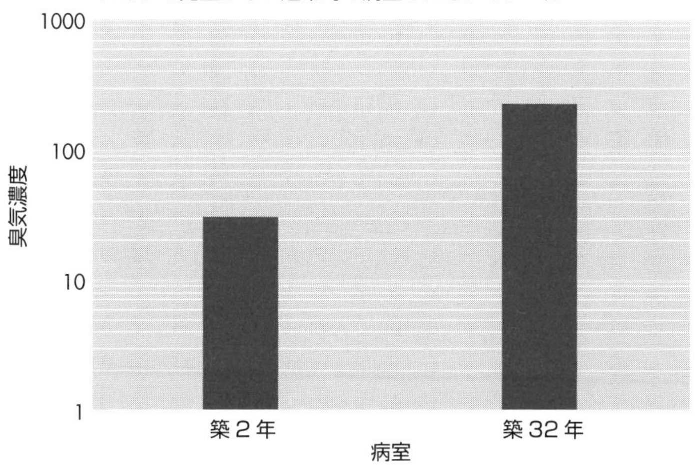

（参考文献）板倉、光田:日本建築学会板倉、環境系論文報告集,73(625),PP.327-334,2008

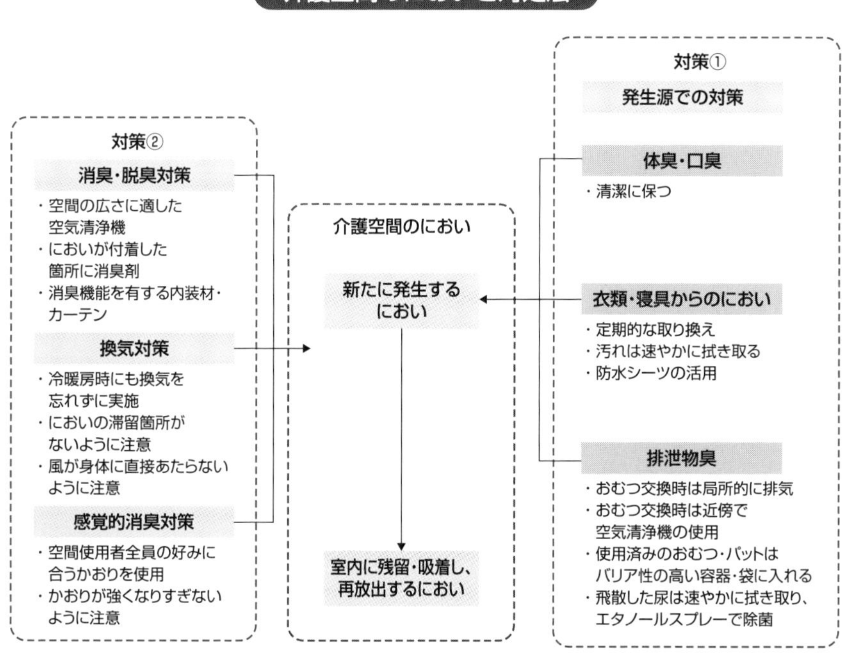

66 分煙対策

喫煙室からのにおいにも注意

たばこの煙は、主流煙と副流煙に分けられます。におい物質は主流煙より副流煙のほうが多く含まれており、副流煙と呼出煙（喫煙者が吸って吐き出した煙）を合わせて環境たばこ煙と呼び、周囲の環境に影響を与えます。喫煙中に周囲の非喫煙者が環境たばこ煙を吸入することを受動喫煙、たばこを吸い終えた後に、残留する化学物質を吸入することを残留受動喫煙と言います。前者は二次喫煙、後者は三次喫煙とも呼ばれています。

環境たばこ煙は、粒子となって漂い、室内の壁、天井、家具、カーテン、人の毛髪、衣類などに付着し、におい物質の再放散が起こります。たばこ臭は、環境たばこ煙によるにおいだけでなく、付着臭についても注意が必要です（51、56項参照）。

受動喫煙（二次喫煙）防止のために、喫煙場所と非喫煙場所を分割する分煙が行われています。2020年に全面施行された改定健康増進法の内容は、喫煙を主目的とするバーやスナックなどでは、施設内での喫煙は可能ですが、学校や病院などでは、敷地内禁煙とされています。事務所や飲食店などで喫煙を可能とする場合には、喫煙専用室の設置が必要とされています。現在、喫煙習慣のある人のうち3割程度が使用している加熱式たばこは、紙巻きたばこと同様ですが、飲食店などでの飲食行為の可否が異なっています。

喫煙室の設置に当たっては、喫煙室からの煙の漏れを防ぐための方策が取られています。外部へ排気したたばこ煙が人の往来が多い区域や他の建物に流入しないように、排気場所や排気口の設置場所に配慮することも大切です。また、家庭や屋外でも、できるだけ周囲に人がいない場所で喫煙をし、特に配慮が必要な人（子どもや疾病を有する人）が近くにいる場所では喫煙をせず、周囲の状況に配慮することが求められています。

要点BOX
- たばこ臭は副流煙と呼出煙を合わせた環境たばこ煙の影響が大きい
- 三次喫煙のにおいは、たばこ臭の吸着・再放散

たばこの煙の違い

環境たばこ煙

- 呼出煙
  吐き出した煙
- 副流煙
  たばこの先端から立ち上がる煙

副流煙

呼出煙

主流煙
肺に吸入される煙

主流煙より副流煙のほうがにおい物質が多い

喫煙室の分類

	喫煙専用室	加熱式たばこ専用喫煙室	喫煙目的室	喫煙可能室
設置できる施設	事務所、飲食店など	事務所・飲食店など(経過措置)	バー、スナックなど	既存特定飲食提供施設(経過措置)
場所	屋内の一部	屋内の一部	屋内の全部または一部	屋内の全部または一部
紙巻きたばこ	○	×	○	○
加熱式タバコ	○	○	○	○
室内での喫煙以外の行為	喫煙以外の行為不可	飲食等可能	主食を除く飲食等可能	飲食等可能

注） 1．いずれの喫煙室も２０歳未満の者（従業員を含む）の立ち入りは禁止
2．既存特定飲食提供施設とは、資本金５０００万円以下、客席面積１００㎡以下で、２０２０年４月１日時点で既に存する飲食店

飲食店の喫煙室

喫煙専用室

※喫煙専用室は飲食不可

加熱式たばこ専用喫煙室

※加熱式たばこ専用喫煙室は飲食可

【条件】
1. 喫煙所の出入口において、室外から室内に流入する空気の気流が0.2m毎秒以上確保
2. たばこの煙が漏れないように壁・天井等によって区画
3. たばこの煙を屋外または外部の場所に排気
4. 喫煙室の出入口の標識には、20歳未満立入禁止である旨の記載
※ 屋外へ排気したたばこ煙が、人の往来が多い区域や他の建物に流入しないように注意

67 災害時の避難所におけるにおいへの対処法

日頃からにおいにも備えを

2011年3月11日宮城県沖を震源とするM9・0〜9・1の大地震が発生し、東北〜関東の太平洋沿岸地域を大津波が襲い、未曽有の災害をもたらしました。大勢の人が避難場所へと集まりました。徐々に全国から食料、生活物資が届けられ、避難している人たちへも行き渡るようになってきました。

そのような中、避難所での問題の1つににおいがありました。不特定多数による使用のため、衛生上の問題点も指摘され始め、さらに梅雨、夏場に向けての気温の上昇が、におい問題をより大きくしていきました。また、避難所としては、学校、市民会館、集会所などが活用され、オープンスペースで多数の人が生活しました。水は貴重で飲用が最優先され、風呂・シャワーのない生活が続き、問題になり始めたのが体臭です。

この時に国からの要請で、民間から消臭剤などの提供が行われたのです。用途は大きく分けて、トイレ用と居住スペース用（体臭）の消臭剤です。「効果あり」という意見が多かった半面、「消臭剤などのかおりと不快臭が一緒になり、かえって嫌なにおいになった」という意見も出されました。「6段階臭気強度尺度（13項参照）では3〜4（強く感じる程度）で、非常に不快に感じる」という評価が出されています。かおりの好みに対して個人差が大きいことと、においが強すぎて消臭剤などだけでは、十分な効果が得られなかったことが理由として考えられます。

個人が備えるべきにおい対策品として、排泄物処理用品があげられます。個人向けの簡易トイレ（消臭剤、吸水ポリマー付属）も市販されるようになりました。災害時にはインフラが停止します。一定期間、トイレが使えず、ごみを持ち続けなければならない可能性があります。におい漏れを防ぐ袋や、におい対策が行える物を備えることも大切です。

- 簡易トイレには臭気対策品の備えも大切
- 一定期間家庭ごみを貯留する備えとして、におい漏れを防げる容器や袋も必要

簡易トイレの例

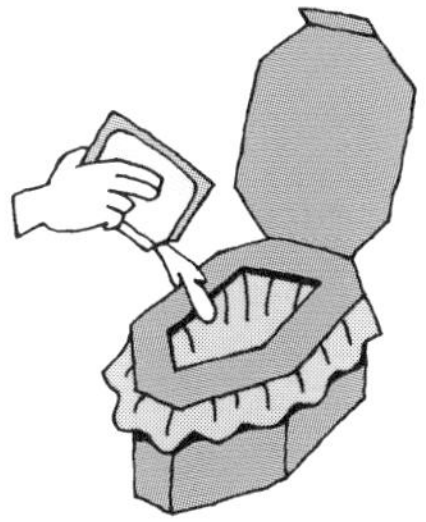

ダンボール製の
組み立て式タイプ

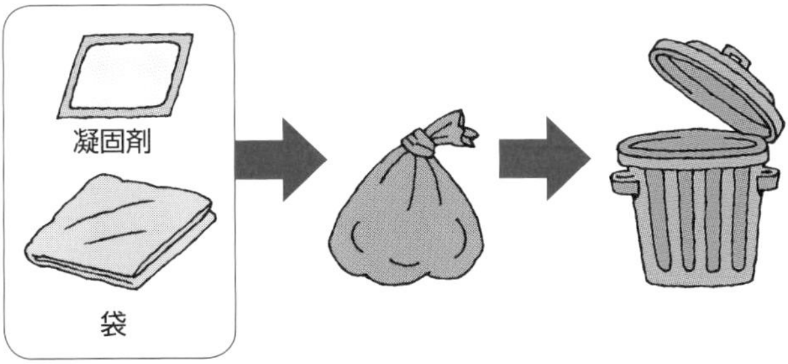

におい対策品

凝固剤

袋

においの通しにくさ(バリア性の高さ)

レジ袋、ごみ袋など
ポリエチレン製(PE)

パンの袋など
ポリプロピレン製(PP)

食品用ラップ、スナック菓子袋など
ポリ塩化ビニリデン(PVDC)

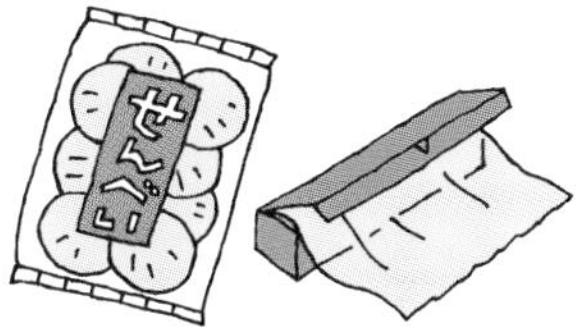

ポテトチップスの袋のような
「アルミ蒸着フィルム」も
においを通しにくい

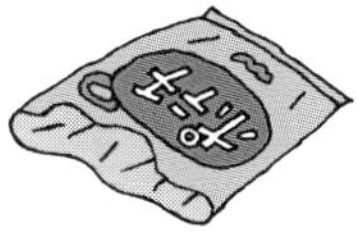

身近なものを使ったにおい対策

(1) 重曹水：水道水100mLに重曹小さじ1杯
➡靴のむれたにおい、生ごみ臭(野菜くず、卵の殻など)などにかける

(2) クエン酸水：水道水100mLにクエン酸小さじ0.5杯
➡生ごみ臭(魚介類)、尿臭などにかける

(3) ミョウバン水：水道水100mLに焼きミョウバン小さじ1杯を原液とし、さらに10倍程度の水道水で薄めて使用
➡腋やつま先などにスプレー、塗布する
収れん作用があり、弱酸性であるため、制汗剤やアンモニア臭対策として利用できる

68 宿泊施設内のにおいと対処法

香水臭を除去したい

シティホテル、ビジネスホテル、リゾートホテル、温泉宿、老舗旅館など、私たちは目的をもって宿泊します。癒しや休息を求めてホテルや旅館などを利用する場合は、宿泊施設に対しての要求度が高くなるのは必定です。宿泊施設で、どのような「おもてなし」を受けられるのかも旅の楽しみの1つです。接客、食事はもちろんですが、もう1つ重要なことがあります。案内された客室に入った瞬間、気になるのはにおいではないでしょうか。最近、禁煙ルームでは、たばこの残臭はなくなっていますが、水回りのにおいや室内にこもった独特のにおい、寝具のにおいなどがクレームに繋がり、においが原因で部屋の交換に至ることもあるようです。

最も除去しにくいにおいの1つが香水臭です。宿泊客の使用する香水臭がチェックアウト後にも残り、通常の掃除やにおい対策では除去できないケースもあるほどです。香水臭の対策箇所は、空間内に漂う香水臭と床（カーペット）に滴下された香水からのにおいの2つです。カーペットに滴下された香水のにおいには表のように、吸着機能を有する合成ゼオライトなどを用いて除去するのも一法です。

ところで、老舗旅館の玄関を入り、フーッと流れてくる和のかおり、客室に案内されて畳から漂うい草のかおりを感じる時、ホテルでは経験できない、まさに至福の一瞬かもしれません。今、このような「ブランドセント（Brand Scent）」と言われるものが注目されています。企業、施設などが「自分たちをイメージするかおりを持とう」という考えで、ホテル、旅館、航空機などですでに始まっています。これは、プルースト効果を狙ったものと言えるでしょう（1項参照）。その施設のかおりが印象付けられ、他の施設との差別化が図れます。そして、似たかおりを嗅いだ時に、そのかおりと結びついた施設を思い出すことになるのです。

要点BOX
- ●客室のにおいは、宿泊施設のおもてなしの1つ
- ●カーペットに付着したにおい対策に、吸着機能を有する合成ゼオライトを活用

宿泊施設内のにおいのクレーム原因

カーペットについた香水のにおいの変化

ゼオライト量＼経過時間	0分	10分	20分	30分	40分	50分	60分
0.3g	5	2	1.75	1.25	1.25	1	1
0.1g	5	3	2.75	2.5	2.5	2.5	1.75
ブランク	5	5	5	5	4.5	4.5	4.5

0：無臭
1：やっと感知できるにおい（検知閾値）
2：何のにおいであるかわかる弱いにおい（認知閾値）
3：楽に感知できるにおい
4：強いにおい
5：強烈なにおい

10㎝角のカーペットに香水0.05g染み込ませ、その上に合成ゼオライトをのせた。
臭気強度評価尺度は、13項参照。

（注）大同大学調べ、2020年

ブランドセント

Column

省エネルギーとにおい
～生活環境のにおいに秘められた可能性～

自分だけが使用する空間は、自分がくさいと感じないようにすれば良いわけですが、他の人が利用する空間であれば、その人のことも考えて対策を行う必要があります。では、どの程度までにおいを低減すればよいのでしょうか。日本建築学会では、人のにおい感覚（容認性）に基づく室内のにおいの基準値を提案しています。一般的な空間では、評価者のうち、20%が「受け入れられない」（非容認率20%）レベルを推奨値としています。

しかし、ここで気になるのは、評価者のにおい感覚の個人差です。ある評価者集団Aと集団Bで基準値を求めると、集団Aのほうが低かったとします。集団Bは、高濃度でも許容できるにもかかわらず、集団Aで求めた基準値を集団Bが使用する空間で適用すると、集団Bにとっては過度の対策を講じることになります。基準値を設ける際に、におい対策に過不足が生じないよう、におい感覚の個人差をいかに考慮するかは省エネを実行する上でも重要な課題です。

また、空間の居心地には、「におい」「暑さ・寒さ」「騒がしさ・静けさ」「明るさ・暗さ」など各環境要素が相互に関係しており、総合的に判断されます。例えば、赤やオレンジなどの色から暖かさを感じることがあります。「におい」もミント系のかおりには涼しく、バニラや柑橘系のかおりには暖かく感じさせる効果があると言われています。空調設定温度1℃で消費エネルギーを約10%削減できると言われており、かおりを用いて設定温度を緩和するのは省エネ行動になります。

近年、におい研究の進展は目覚ましいものがありますが、環境要素とにおいの関係は、まだ解明すべき点が多く残っています。豊かな生活環境の創造のための役割としてにおいには多くの可能性が秘められているのです。

臭気濃度と非容認率の関係の模式図

【参考文献】

・Buck, L. and R. Axel, Cell,65,175-187（1991）
・S Haze 1, Y Gozu, S Nakamura, Y Kohno, K Sawano, H Ohta, K Yamazaki〝2-Nonenal Newly Found in Human Body Odor Tends to Increase with Aging〟. Journal of Investigative Dermatology 116: 520-4.（2001）.
・「エアコン分離カビの「カビ臭」について」大谷正彦、大関真、鈴木則行、田中賢介、氏家高志、李憲俊、日本防菌防黴学会第29回年次大会要旨集、145（2002）
・「体臭発生機構の解析とその対処（1） 腋臭に関する鉄の影響と抗酸化剤の防臭効果」飯田悟、一ノ瀬昇、五味哲夫、染矢慶太、平野幸治、小倉実治、山崎定彦、櫻井和俊、J. Soc. Cosmet. Chem. Japan（日本化粧品技術者会誌）、37（3）、195-201（2003）
・「鉄のニオイと発生機構の解析」一ノ瀬昇、飯田悟、五味哲夫、AROMA RESEARCH、4（2）、31-35（2003）
・「口臭における官能評価とPTR-MS分析の関連性について」寺口明宏、吉村正紀、吉田文雄、山崎洋治、村越倫明、平山知子、常田文彦、日本歯周病学会会誌、秋季特別号、46、180（2004）
・「部屋干し臭を抑制する洗剤について」埴原鉱行、園田明子、香料 223、109-116（2004）
・「若年男性における体臭発生機構と体臭制御」尾本百合子、西部明日香、平林令稔、田中孝祐、小出操、日本化学会西日本大会講演要旨集、98（2008）
・「においの分析・評価と最新脱臭／消臭技術実務集」技術情報協会（2008）
・「老化初期の男性に生じる体臭成分ジアセチルの発生機構とその制御」松井宏、原武史、志水弘典、日本生物工学会大会講演要旨集 65、134、（2013）
・「2019年 全国犬猫飼育実態調査」一般社団法人ペットフード協会

・大滝丈二：嗅覚系の分子神経生物学、フレグランスジャーナル社（2005）
・技術情報協会：五感インターフェイス技術と製品開発事例集（2007）
・東原和成：かおりを感知する嗅覚のメカニズム、八十一出版（2007）
・Newton、DNA生命を支配する分子、ニュートンプレス（2008）
・社団法人バイオ産業情報化コンソーシアム：ゲノム情報総合プロジェクト事業報告書（2008）
・光田恵・岩橋尊嗣・棚橋壽三：「においと臭気対策の基礎知識」日刊工業新聞社（2018）
・社団法人日本建築学会：室内の臭気に関する対策・維持管理規準・同解説（2019）

索引

数字・英字

あ

か

さ

今日からモノ知りシリーズ
トコトンやさしい
消臭・脱臭の本

NDC 576

2021年11月30日　初版1刷発行

©編著者　光田 恵
著　者　岩橋 尊嗣
　　　　一ノ瀬 昇
　　　　棚村 壽三
発行者　井水 治博
発行所　日刊工業新聞社
東京都中央区日本橋小網町14-1
(郵便番号103-8548)
電話　編集部　03(5644)7490
　　　販売部　03(5644)7410
FAX　03(5644)7400
振替口座　00190-2-186076
URL　https://pub.nikkan.co.jp/
e-mail　info@media.nikkan.co.jp
印刷・製本　新日本印刷(株)

●DESIGN STAFF
AD――――志岐滋行
表紙イラスト――――黒崎　玄
本文イラスト――――榊原唯幸
ブック・デザイン――黒田陽子・大山陽子
（志岐デザイン事務所）

●
落丁・乱丁本はお取り替えいたします。
2021 Printed in Japan
ISBN　978-4-526-08172-9　C3034

●編著者略歴

光田 恵（みつだ めぐみ）

大同大学かおりデザイン専攻教授。公益社団法人におい・かおり環境協会理事、人間ー生活環境系学会副会長。
岡山県生まれ。奈良女子大学大学院博士課程修了・博士（学術）の学位取得後、名古屋工業大学大学院講師、大同工業大学（現、大同大学）建設工学科講師、建築学科准教授を経て、2010年から現職。
〈受賞〉
臭気対策研究協会学術賞（1998）、人間ー生活環境系会議奨励賞（2000）
〈著書〉
「心理と環境デザインー感覚・知覚の実践ー」（共著、技報堂出版、2015）、「きちんと知りたい　においと臭気対策の基礎知識」（共著、日刊工業新聞社、2018）等

●著者略歴

岩橋 尊嗣（いわはし たかし）

大同大学かおりデザイン専攻元教授、現在、非常勤講師・産学連携共同研究センター共同研究員（におい・かおり研究センター）。
北海道生まれ。明治大学大学院博士課程修了・工学博士の学位取得後、アイコー株式会社入社、同社中央研究所有機化学研究室室長、同社取締役支配人、新エポリオン株式会社常務取締役などを経て、2014年大同大学かおりデザイン専攻教授、2019年から現職。
〈研究開発〉
電気めっき及び無電解めっき時の光沢剤の研究開発、鉄鋼コイルの塩酸及び硫酸酸洗時の素地保護材の研究開発、畜産（鶏舎）向け消臭剤の研究開発、産業及び一般向消臭剤・芳香剤の研究開発
〈著書〉
「五感インターフェース技術と製品開発事例集」（共著、技術情報協会、2016）、「きちんと知りたい　においと臭気対策の基礎知識」（共著、日刊工業新聞社、2018）等

一ノ瀬 昇（いちのせ のぼる）

大同大学かおりデザイン専攻客員教授。ライオン株式会社、研究開発本部戦略統括部。
栃木県生まれ。東京理科大学理学部化学科卒。1976年ライオン油脂株式会社（現、ライオン株式会社）入社、同社研究開発本部調香技術センター副主席研究員を経て、2018年から同社研究開発本部戦略統括部にて現職。2016年から大同大学かおりデザイン専攻にて現職。
〈研究開発〉
家庭品の香料開発研究、香りの生理心理研究、嗅覚を中心としたクロスモーダル研究、においケア研究
〈著書〉
「次世代香粧品の「香り」開発と応用」（共著、シーエムシー出版、2011）、「新製品開発における高級感・本物感・上質感の付与技術」（共著、技術情報協会、2012）等

棚村 壽三（たなむら　としみ）

大同大学かおりデザイン専攻准教授。臭気判定士。
愛知県生まれ。大同大学大学院工学研究科博士後期課程修了・博士（工学）の学位取得後、2011年大同大学かおりデザイン専攻講師、2017年から現職。
〈受賞〉
におい・かおり環境協会学術賞（2015）
〈著書〉
「自動車室内環境2013（総合技術レビュー）」（共著、公益社団法人自動車技術会、2014）、「きちんと知りたい　においと臭気対策の基礎知識」（共著、日刊工業新聞社、2018）等